倒産寸前からの復活！

センベイ
ブラザーズの
キセキ

赤字を１年で黒字化
金、時間、経験なし
町工場の奮闘記

SENBEI BROTHERS
senbei-brothers.jp

せんべいを、おいしく、かっこよく。

「町工場なめんなっ！」

容赦ない現実、がなる声が響く。

経営者の病……
融資のストップ……
残された借金……
煎餅が売れない……

それは、小さな煎餅工場の余命宣告。
崖っぷち……

しかし、４代目の兄弟が、家業の起死回生を果たす。

その名は、センベイブラザーズ。

亡き親父との約束、最後の親孝行、家業の継承に
奮闘した兄弟のキセキ。

「せんべいを、おいしく、かっこよく。」

この志が、倒産寸前の煎餅工場を救った。

はじめに

この本を手に取っていただき、ありがとうございます！

正直、僕らのような町工場の煎餅屋が、本を出す日が来るなんて、夢にも思っていませんでした。

この本に書かれていることは、スケールの大きな話ではありません。即効性のある役立つ情報が載っているわけでもありません。

東京下町にある倒産寸前の煎餅工場を、4代目兄弟が、がむしゃらに走り続けて、家業を立て直した、過去から今の〝リアル〟を記した本です。

読んでいただいた方に、その〝リアル〟から何か〝ポジティブ〟な力を少しでも感じてもらえたらと思い、筆を執らせていただきました。

僕らは2014年に倒産寸前の家業である煎餅工場を引き継ぎ、起死回生のために工場初の小売ブランド「センベイブラザーズ」を立ち上げました。それから数年、センベイブラザーズは米菓業界で独自のポジションを築き、家業を成長させることができています。

40歳前後の兄弟が、生まれて初めて〝自信〟を持つことができた前向きなエピソードから、挫折と後悔を味わった後ろ向きなエピソードまで、リアルにありのままを記しています。

僕らのミッションは〝おいしく、かっこいい、せんべい〟でみんなを笑顔にすること。

僕らの煎餅屋話で、あなたを笑顔にする〝おいしいきっかけ〟を作れたら、煎餅屋冥利に尽きます。

まあ、そんな思いで、主に話をさせてもらうのが、センベイブラザーズの販売担当の兄の僕、後半の一部、煎餅職人の弟にも自身の話をしてもらいます。

それでは、前置きもほどほどに、サクッと僕らの自己紹介をさせてもらい、本編を読み進めてもらえるとうれしいです。気になる章だけでもぜひ！

兄である僕は、１９７５年生まれ、43歳。４年前に、家業の煎餅工場を継いだ。それまでの20年は、デザインの仕事をしていたサラリーマン。家業のピンチで、4代目を継いだものの、経営者としても、煎餅屋としても、経験なしの素人。ノリで何でも進めるお調子者タイプ。

金なし、時間なし、経験なし。あるのは思いだけ。

崖っぷちからのスタートだったけれど、いろんな人に助けられ、通年の赤字を何とか1年で黒字化。そんな体験を、仕事でちょっと悩んでいる人とかに読んでもらえたらうれしい。

弟は、1978年生まれ、40歳。10年前には、家業に入っていて、煎餅職人として工場を支えてきてくれた。

現在、僕らの工場で作っている煎餅のほとんどは弟一人が製造している。夏の熱い日は、50℃近い温度の中で、汗水垂らしながら、おいしい煎餅を作り続けてくれている。

寡黙で職人気質なキャラだが、煎餅の焼き窯以上に熱い情熱を持っている。僕の無茶振りに毎回しっかりと応えてくれる、頼りになるヤツだ。弟は苦節10年、黙々と工場で、煎餅を作り続けてきたけれど、センベイブラザーズの誕生をきっかけに、彼自身も職人として、また煎餅そのものも大きく成長を遂げることができた。

弟と同じように町工場で日々しのぎを削っている職人さんに読んでもらえたらうれしい。

そんな兄弟の煎餅工場の奮闘記、ぜひともお楽しみください！

２０１８年４月吉日
催事の準備に追われる、深夜の船堀の工場にて

センベイブラザーズ　笠原健徳（兄）

目次

第2章　兄弟ブランドでの再出発

挑戦

第3章 成長　傷痕から足跡へ

第4章 想いが結んだキセキ

継承

煎餅が綴ったストーリー

第1章　試練

倒産寸前の煎餅工場

始まりは戦後、野心家のじいちゃんが創業

終戦の１９４５年、創業者である僕らのじいちゃんは故郷の新潟から東京に上京してきた。裕福とはいえない農家に育ち、戦後の混沌とした中、商売で一旗揚げたい野心を胸に、東京に足を踏み入れた。

上京したばかりのじいちゃんは東京葛飾区にあった市場で働きだし、そこに野菜を卸しに来ていたばあちゃんと出会う。当時の市場というのは丼勘定が当たり前で、だいたいのことがあいまい。そんな仕事環境の中でも、１円単位まで明朗会計を行っていたじいちゃんの生真面目な性格に、ばあちゃんは思いを寄せ、結婚に至ったようだ。

しかし、雇われの身では儲けが少ない。何か良い商売がないかと日々模索していたところ、当時、闇市といわれていた裏市場で「煎餅」が売れているのを耳にする。

タイミングよく、ばあちゃんの知り合いが煎餅を作っていたこともあり、じいちゃんは、初めて食べた煎餅に可能性を見い出し、即座に創業。新宿区下落合の目白通り

沿いに初の煎餅工場を開いた。

じいちゃんの野心はとても強く、借金も恐れないイケイケの商売人。周りの人間が振り回されることも多々あったが、手焼きが主流の当時、いち早く自動焼き機を導入したりと、積極的に設備投資を行い、現在の工場の基盤となる生産環境を構築していった。

出来上がった煎餅は、ほとんどが卸売りだったが、工場の軒先で小規模ながら直売もしていた。伯母が小学生の頃は店番も任されていたそうだ。

現在の僕らの会社、笠原製菓の前身である「笠原煎餅屋」はこうして始動した。１９５９年、東京五輪の区画整理により工場を東京葛飾に移転。翌年に「有限会社 笠原製菓」として創業する。

移転した葛飾の工場は、ばあちゃんの実家を間借りしていたこともあり、新たな工場の場所を探し求めていたところ、現在の工場がある船堀に行き着いた。

しかしながら、良い土地を見つけても新たな借金ができるだけの担保がない。しかし、その土地がどうしても欲しい。不動産屋でどうにかならないかと、笠原製菓の今後の可能性を熱く話していると、じいちゃんの熱意に感心した不動産屋が、借り入れの保証人となってくれた。船堀の工場の土地はこうして手に入れることができた。

今の時代、とてもありえない話だとは思うが、創業者のじいちゃんの思いの強さと、行動力の大切さを感じられる好きなエピソードの一つ。

今、僕らも、自分たちだけで道を切り開くというよりは、さまざまな面で応援してくれる人たちに出会えている。その運の強さは、創業当時から引き継がれているのかもしれない。

そんな追い風もあり、じいちゃんは１９７０年に今の船堀の工場を完成させた。その後の建物の拡張などはあるものの、現在も煎餅を作り続けているセンベイブラザーズの拠点となっている。

苦労続きのセンベイマザー

そんなイケイケのじいちゃんが、商売第一優先で全てを取り仕切っていた中で、相当な苦労を強いられていたのが、僕らの母ちゃん、センベイマザーだ。

母ちゃんが嫁いだばかりの頃、じいちゃんから言われた語録の数々と苦労話は、僕らも子どもの頃からよく聞かされた。今の時代では信じられないエピソードの数々に、時代性は否めないが、たくさんの苦難を乗り越えてきた母ちゃんには、今、感謝の気持ちしかない。

母ちゃんは22歳で親父と結婚。すぐに煎餅作りの現場で働く日々が始まった。じいちゃんたちは工場内に仮住まいし、まだ新婚の母ちゃんと親父は近くのアパートから工場に通っていた。当時、じいちゃんとばあちゃん、親父の兄弟三人も工場に一緒に住んでいたから、母ちゃんは、工場の仕事以外に兄弟たちの食事の世話も担い、多忙な毎日を送っていた。

そんな多忙な毎日を送っている中、じいちゃんから命令される母ちゃん。

「商売やってる家に嫁いだんだ。最低でも男二人は産め！」

そんな重圧を受けながらも、僕らの母ちゃんは第一子（僕らの姉ちゃん）を身ごもった。初めての妊娠ということもあり、安定しない体調と向き合いながら仕事をしていたが、体調が優れずアパートで休んでいると、じいちゃんがアパートに怒鳴り込んできた。

「妊娠は病気じゃないぞ！」

驚愕する母ちゃん。

重荷の体を引きずりながら、じいちゃんの指示にしぶしぶ従った。しかしながら、妊娠8カ月を過ぎた頃には、心身的に限界が見え、実家の青森に帰省し、初めてのお産に備えた。

そして、母ちゃんは無事、姉ちゃんを出産。1カ月ほどして東京に帰ってきた。初めての子育てで十分な休息が取れていない中、アパートで休んでいると、早速じいちゃんがやってきて仕事に呼び戻される。

挙げ句の果てに「男の子じゃなくてがっかりだ」とまで言われる始末。

酒を飲んで虫の居所が悪かったりすると、「うちはお嬢様もらったわけじゃねえんだ！」と苦言を言われることも多々あったが、子どものためと心身的につらい日々を耐え忍んでいた。

時には、じいちゃんの厳しさに耐えられず、子どもを連れ、隣町の旅館で一晩明かしたこともあったらしい。

スタートした当時、大きな借金を抱えていたため、給料をちゃんともらえるまでには何年もかかった。

親父が青森の弘前にトラックで配達に行って、トラックが故障して帰ってこられなくなったときなどは、母ちゃんの実家から帰りの電車賃を借りて帰ってくるような状況。要するに、自由にできるだけのお金がなかった。母ちゃんたちが借りているアパートの家賃も毎日の食費も、必要な分だけじいちゃんにもらう日々だった。

必要最低限の現金を渡されて食材を買い、毎日全員のまかないを作り、工場で一緒に食べていた。青森の実家に帰るときは、田舎の親から切符のお金を送ってもらって帰っていた。そんな苦労の日々。


現在、僕らの会社が存続できているのは、先代のじいちゃんや、親父、そして親父の弟である叔父さんの功績もさることながら、僕らの母ちゃんの苦労と努力なしには語れない。母ちゃんは、創業当時から現在に至るまで数々の苦難を乗り越え、一日も寝込むことなく会社の礎を築いてくれた立役者。

70歳近い老体にムチを打ち、今もなお現役で働き続けてくれている母ちゃんには、一生頭が上がらない。まあ今でもよくケンカはするけれど、そんな間柄も家族経営の強みだと僕は思っている。

センベイブラザーズ生まれる

母ちゃんにとっては働きずくめの苦労生活が続く中、姉ちゃんが生まれてから３年後の１９７５年に僕が生まれ、リズム良くその３年後、１９７８年に弟が生まれた。センベイブラザーズの誕生だ。

じいちゃんの「男二人は産め」という一大命令を果たした母ちゃんは、やっと肩の荷の一つを下ろした。

紆余曲折あったが、今思うと、じいちゃんのその大命令がなかったら、僕らの存在はもちろん、センベイブラザーズも誕生していなかったかもしれない。無茶振りばかりのじいちゃんだったが、今なお工場が存続しているのは紛れもない事実。天国にいるじいちゃんのドヤ顔が目に浮かぶ。

じいちゃんからの大命令を果たした母ちゃんだが、多忙を極める仕事と子育ての両立に余裕のない毎日を送っていた。そんな環境の中で、僕らは自由奔放に育てられた。

工場や倉庫には遊ぶ場所が山ほどあった。ダンボール置き場でかくれんぼ、台車をカート代わりに乗り回し、空き箱で基地を作ったりと、遊びに不自由することはなかった。遊び疲れたら工場の２階で、兄弟三人で寝る。そんな幼少期を過ごしていた。

僕は小学生の頃、内向的な性格であまり笑わず、何をやっても中の下で自信が持てず、いつもクラスの人気の子のグループについて回るタイプ。将来は煎餅屋と決まっていたから、勉強も全然やらなかったし、スポーツも苦手で、取り柄のない子どもだった。

唯一好きだったのは絵を描くこと。そして、10代前半で出会ったパンクロックにはどっぷり影響を受けた。バンドを組み、ドラムに打ち込んだ思い出は今も鮮烈だ。絵を描くことは後のデザイン職につながり、パンクロックの反骨精神はセンベイブラザーズのマインドに強く影響を与えている。

打って変わって、弟は僕と真逆のタイプ。幼少期からニコニコして愛想のいい人気者だった。末っ子ながらの要領の良さもあり、勉強、スポーツと、何でも器用にこなしていた。

弟も10代前半は、音楽にはまりながらも、部活ではバスケ、後半はサーフィンにのめり込んでいった。職人気質ならではの取り組み姿勢は、その頃すでに垣間見ることができる。

そんな気質の違いもあったが、兄弟二人は成長するにつれて、共にする時間も自然と少なくなり、交わす言葉も少なくなっていった。

ここからは、僕の懺悔《ざんげ》となるが、物心ついた頃から、弟を子分のように扱っていた時期があった。欲しいものがあると弟に命令して買ってこさせ、言うことを聞かないと圧力をかけて従わせる。今風に言うと、ブラザーズハラスメントといったところ。

そんなことを続けていたある日、母から青天の霹靂ともいうべき言葉を告げられる。

「お兄ちゃんのこと、大っ嫌いだってさ」

自業自得なのはわかっていたが、とてもショックだったのを今でも覚えている。しかし、若気の至り。素直に謝るでもなく、僕は自分の胸に一人誓った。

「今後、弟のためにできることは最大限してやろう」と。

変な経緯ではあるが、兄貴としての自覚を初めて持てた瞬間だった。その思いが十数年後、センベイブラザーズにつながるとは、思ってもみなかった。

夢の作文のタイトルは「あとつぎ」

僕は小学生の頃、「夢」というお題の作文に、親父のことを書いた。タイトルは「あとつぎ」。

周りの同級生は野球選手とかサッカー選手といった自分の夢を書いていたが、生まれた瞬間から煎餅屋の後継者に任命されていた僕は、迷うことなく親父の仕事の話に鉛筆を走らせた。原稿用紙の末尾のスペースには、不器用なイラストが描かれていた。それは親父が肩に煎餅の生地箱をかつぎ、汗をかいている後ろ姿。子どもならではのデフォルメの入った大きな背中。

正直、僕が20歳のときに亡くなった親父との記憶は数えるくらいしかない。親父は日々仕事に追われていたし、やっと仕事が軌道に乗ってきて、少しは楽できるのかなと思った矢先に、クモ膜下出血でぶっ倒れた。死の淵をさまよい、奇跡的に一命を取り留めたのだが、酒に溺れ、その貴重な命に自ら幕を下ろした親父。太く短く駆け抜けた生涯だった。

親父はいつもジーンズにTシャツ姿で、額に汗しながら働いていた。工場で重い荷物を持ち上げるから、Tシャツからこぼれる力こぶがすごくて、その腕によくぶら下がった思い出がある。力持ちで一生懸命働く親父の姿は、僕にとってのヒーローだった。

しかし、そんな親父も、病気と酒には負けちまった。
家族の制止を無視して酒を飲んでいた親父は、酔っ払うとよく、僕の「あとつぎ」の作文の話を持ち出した。

「ほんと、あの作文は、うれしかったんだよ。なのに……ちくしょー!!」

作文を書いた息子と、その話を涙ながらに語る親父は、こうしていつも取っ組み合った。割れたガラス、消えた電灯、すすり泣く声。暗い部屋の中で、互いの怒りと哀れみと悔しさにまみれ、二人して震えていたのを思い出す。

一番酒をやめたかったのは親父であり、一番苦しんだのも親父本人だった。そんな親父の苦悩をかみしめ、僕は病気と酒を呪った。

親父が亡くなって叔父さんが三代目を引き継ぎ、宙に浮いてしまった僕の夢「あとつぎ」。これはいつしか僕の中で、夢から、亡くなった親父との約束に変わっていった。

僕は違う仕事をしながらも、家業のことが気にはなっていた。いつか、いつかとは思いながらも、目の前のことに忙殺される日々。いつしかその約束は心の奥底に身を潜めていった。

親父と僕らの幼き頃

お金の大切さを学んだ貧困生活

僕らの育った環境は、どうも一般家庭とは違う。

この違和感は自分が成長するにつれ、実感することが多くなっていった。

一つには食生活。僕も弟も偏食だった。母ちゃんが忙しいから、作る料理は簡単に食べられるものばかりで、子どもたちが嫌いなものをわざわざ食卓に乗せることはしない。

10代の頃のガールフレンドの家は、おかずが最低5品は並んでいないといけないような家庭だった。たまにご馳走になると品数がすごいし、煮物とか漬物とか、食べたことのないものがテーブルにいっぱいだった。今はそういうものも好きになったけれど、当時は食わず嫌い。というより、単に自分の家で見たことがなかった。そんな経験からも、母ちゃんの忙しさや苦労は伝わってきていた。

家にお金がないということは、子どもの頃からずっと肌身で感じていた。

日曜日の朝、小銭を渡され、歩いて5分くらいのパン屋さんに買いに行かされたときのこと。パンを持ってレジに行ったらお金がポケットにない。

「落としたんだ！」

家に帰り、お金をなくしたことを伝えると、母ちゃんにものすごい形相で怒られた。一緒になって道を何回も行ったり来たりして、なくした小銭をしつこく探した。かれこれ何往復しただろうか。お金の大切さを思い知らされる出来事だった。


煎餅屋だから、腹を満たすおやつには困ることはなかったが、子どもながらに甘いお菓子が食べたくてしょうがなかった。そんな中、自分たちで作って食べていた、僕らにとって唯一の甘いお菓子があった。

お湯に砂糖を溶かし、パンの耳をつけて食べる、うちならではの甘いおやつ。これがうちでは普通だったが、友達に話をすると「そんなの食べたことない」と言われ、自分が物心ついた頃の家計の大変さをあらためて知ることとなった。

幼少期、家族5人が住んでいた住まいも独特だ。

工場の2階のダンボール置き場に畳を敷き、壁を立てただけの居住空間。台所に部屋が二つという最低限のスペースで暮らしていた。

今でも思い出すのは、寝るときに目に映る、工場の軀体《くたい》とその間に敷き詰められた断熱材。テレビの撮影に使うセットのような部屋なので、壁はあるが天井はなく、工場の屋根裏が丸出し状態だった。

そんな居住空間だったこともあり、季節の気温の変化に対応するのも一苦労だった。1階の工場で煎餅を焼くので、熱が2階まで直接上がってくる。冬場はまだいいのだが、夏は熱すぎる。クーラーなどもちろん買えるわけもなく、窓を開けて寝るとひどく蚊が入ってくる。母ちゃんは田舎から蚊張を取り寄せてくれていた。

弟が小学校に入った1983年は、ちょうどNHKの朝ドラ「おしん」が最高視聴率62・9％をマークしていた頃だった。僕は貧しい境遇に親近感を覚えつつも、会社はというと、親父と叔父さん、母ちゃんの長年の努力のかいもあり、徐々に得意先も増え、資金繰りも健全に回り始めていた。

その頃、工場に新しい住居を増築。やっと部屋らしいところに移ることができた。親父も母ちゃんも、ようやく人並みの給料が取れるようになっていった。

やっとの借金完済。しかし、親父倒れる

親父が煎餅を焼き、叔父さんが営業に走り、母は生産管理と経理をこなす。この三人体制がうまく回るようになって、仕事も忙しくなり、これで借金の返済までだいぶ目処が立ってきた。

特に叔父さんは営業がうまかったらしく、大きな新規得意先をどんどん飛び込みで引っ張ってくる。一番景気がいいときは、毎日大きなトラックを満タンにして何往復も納品に行っていた。

叔父さんの営業としての手腕がなければ、新しい大口の得意先をつかむことはなく、工場の発展も果たせず、今のセンベイブラザーズも存在しなかっただろう。

そんなふうに会社が前向きに動き出した最中、親父がクモ膜下出血で倒れた。

当時、親父は42歳。相撲の関脇貴花田が最年少で幕内最高優勝を飾り、ミュージシャンの尾崎豊がこの世を去った年のこと。季節はもう秋から冬に変わろうとしていた。かなりきわどい大手術となったが、生死の間をさまよいながらも何度か手術を繰り返し、一命をとりとめた。

しかし、僕らの喜びもつかの間、退院して自宅に帰って来た親父の変化に僕らは戸惑う。体の調子が優れないのもあると思うが、以前のように働く意欲が見えず、製造現場にいるよりは、2階の住まいにいる時間が多くなっていった。

親父は、社長の立場を持ちながらも療養する形となった。実質、現場は叔父さんが切り盛りしていたこともあって、親父は2階の住まいにこもり、隠れて一人でお酒を飲むようになった。

母ちゃんにしてみれば、じいちゃんのときの苦労もあり、給料もなく、子育てしながら借金を背負い、休みもなく仕事をしてきて、やっと会社もうまくいくようになった矢先の新たな苦労の始まりだった。

復帰する親父。しかし、酒に溺れアル中に

父の性格が変わっていった。

それは20年余り連れ添ってきた母ちゃんに限らず、家族の誰の目にも明らかだった。

高次脳機能障害というのだろうか。長時間に及ぶ手術の後に発生することがあるという。認知障害や行動障害となって表れるらしいが、親父の場合はストレスのはけ口や現実逃避として酒を飲むようになり、ネガティブな方向に精神が行ってしまったようだ。

術後は発作を抑えるための薬を飲んでいたのだが、酒量が増えて薬も効かなくなり、酒を止めることができず、アルコール依存症になってしまった。

2階で飲んだくれて、夜中でも「酒を買うから金を出せ」と暴れて、夜も寝ていられない状態だった。

薬も飲んだり飲まなかったりしていたせいか、発作が起きるたび、何度も救急車を呼ぶようになっていた。そんなことで入退院を繰り返すうちに、身体はボロボロにな

り、見た目もだいぶ老けこんだ。幼い頃の僕らにとってのヒーローの面影は、またたく間に消えていった。

専門学校に通っていた姉ちゃんは、学校を休んで親父の通院に付き添ってくれていた。アルコール依存症専門の病院に入院していたこともある。しかし、病院から帰ってくるとまた飲んでしまう。お酒を買っていないはずなのに、どうしたわけか親父が酒臭い。

どういうことかと思ったら、料理酒だった。煎餅を作るときにしょうゆに加える料理酒を持ち出し、酒の代わりに飲んでいたのだ。どうやらアルコールだったら何でもよかったらしい。それ以降、工場では料理酒をやめてみりんを使うようになった。

親父が酒を買わないように財布を取り上げると、工場に置いてある赤十字の募金箱からお金を盗んでは酒を買いに行くようにもなっていった。

そんなかっこ悪い親父に振り回されながらも、母ちゃんは昼は工場でしっかりと働き、夜は酔っぱらった親父の世話をする。

親父がアル中治療の病院への入退院を繰り返したため、母ちゃんは毎週末、各地遠方の病院へ通うハメとなった。そんな徒労の日々が続き、円形脱毛症にもなった。酒をやめてくれないのに怒って田舎に帰ったりもしたが、親父はもちろんお構いなし。状況はエスカレートするばかりだった。

僕らが見た、家庭崩壊の底辺

住まいを共にする僕ら兄弟にも、親父との嫌な思い出はたくさんある。

警察には何度もお世話になった。

ちょうど母ちゃんが田舎に逃げていたある日曜の朝。夜明け間もない5時くらいに電話が鳴り続ける。出るのも面倒くさくて放置していたが、鳴りやまないので渋々出ると、千葉の警察からの電話だった。

「お宅のお父さんね。警察署の近くで車で寝てるから、引き取りに来て」

僕はタクシーを拾い、すぐに千葉の警察に向かった。警察からは特におとがめもなく車を引き取り、そのまま親父を乗せて自宅に戻った。後部座席でいびきをかいて爆睡している親父。怒りよりも、呪いたい気分に駆られていた。

ある晩のこと。親父は何かを叫びながら、家で飼っていた金魚の水槽をなぎ倒す。水槽は割れ、あふれ出る水。ピチピチ跳ねていた金魚が床の上で死にかけていると、それを見て「かわいそう」と泣き出す始末。「親父がやったんだろ！」って、もう訳がわからない。

酔っ払うと怖いし、何をするかもわからない。包丁だけは見つからないよう、寝るときに隠していた。

一番ひどかったのは、ギターフライング事件。

ある晩、僕が出かけていると、母ちゃんから緊急の電話。親父が暴れてるから帰ってきてという。急いで家に帰ると、家の前に止まってるパトカーと数人のお巡りさん、そして、横にたたずむ母ちゃんと弟。目の先には、真っ暗なわが家。

電気の消えた家の中からは、ガシャン、ガシャンと音が聞こえてくる。

「誰の金で買えると思ってるんだ！」

何が起こっているのかはすぐに把握できなかったが、窓から飛んできて地面に落ちたゲーム機を見て、状況を把握した。怒った親父が、僕らの部屋にある私物を破壊していたのだ。

次々と窓から飛んでくる物の数々。しまいには、当時大事にしていたギターが空を舞い飛んできた。地面に叩きつけられたギターはネックが折れ、僕らの気持ちを物語っているようだった。それがギターフライング事件。

そんな混沌とした状況の中、お巡りさんはその場で傍観することしかできず、説得できるのは家族だけ。僕は戦々恐々として暗い家の中に入っていった。

すると、家財に手をかけた親父がいて、闇の方から僕を見た。僕はそっと近づき、なだめる言葉をかけた。何を言われたか思い出せないのだが、親父の言葉に僕は激高し、親父の胸ぐらをつかんで叫んだ。

「つらいのはお前だけじゃねーんだぞ!!」

そして、手にヌルッとついた液体に気づき、僕は我に返った。親父の血だった。手で窓ガラスを割った際にけがをして流血しているのだ。

少し冷静を取り戻した僕は、親父のけがの治療を優先し、家の片づけもあったため、「一晩、預かってください」と親父を警察に託した。大の大人がいったん暴れると、家族だけではセーブのしようがない。

お巡りさんにも、「何だ、てめえは」と食ってかかる怖いもの知らずの親父。すると、柔道技で投げられてしまうありさま。そんな親父との共存生活は長く続くはずもなかった。

親父が死んだ

「お父さん、死んじゃったよ」

1996年の春、桜が咲き始めた陽気のいい朝に、僕らはそんな言葉で起こされた。一瞬、言葉の意味が理解できず、亡きがらを見るまでは正直、実感が湧かなかった。叔父さんと母ちゃん、弟と一緒に病院に向かった。僕は揺れる車の中で、何かの間違いであってくれと繰り返し念じていた。

病院に着いた。

病室に入ると、そこには変わり果てた親父の姿があった。

あれだけ憎かった、クソ親父――。

泣きじゃくる母ちゃんと僕ら。叔父さんも泣いていた。叔父さんの涙を見るのは後にも先にもこのときだけ。とても印象に残ったことを覚えている。

いつも親父のトラブルをフォローしてくれて、気丈な振る舞いで一度も感情を表に出したことのない叔父さん。そんな叔父さんが、まるで子どものように「あにきー、あにきー」と泣き続けていた。そう言えば、叔父さんも親父の弟だったんだよな。思えば、親父と叔父さんが初代センベイブラザーズだ。僕もいつか訪れる弟との別れは想像しないようにしておく。

親父は亡くなる半年くらい前から、いくつもの病院を渡り歩き、入退院の生活を繰り返していた。母ちゃんだけが週末に見舞いに行くくらいで、僕らは家に親父のいない静かな日々を送っていた。

僕が最後に親父に会ったのは、その数カ月前の成人の日。慣れないスーツ姿を見せに行ったときだった。

親父の死に直面し、僕は鬱々としていた日々を思い出していた。

もっと親父にしてやれることがあったはずだ。親父の孤独感を想像すると胸が張り裂けそうになった。この日を境に、後悔しない人生を歩もうと僕は心に誓った。

弟は一度も親父の見舞いに行ったことはない。当時、弟はまだ17歳。そこには親父に対する弟なりの反抗心もあったのだろう。しかし、最後に会った記憶も曖昧らしく、見舞いに行かなかったことを深く後悔していた。

親父と共にした時間は少なかった弟だが、煎餅職人として親父と同じ焼き場で煎餅を焼き続けることが、弟にしかできない親父への弔いとなる。つらくてへこたれそうなときは親父のことを思い出し、奮起しているようだ。

親父の生き様は決して人様に自慢できるものではないが、僕らの唯一の親父であることに変わりはない。不器用で反面教師。死んでもなお心に残り続ける親父の存在は、僕ら兄弟の根っこをかなりタフにしてくれた。そう、生きていれば、何とかなる。

弟、工場長になるが……

会社としては2代目の親父が亡くなり、叔父さんが3代目を引き継いだ。親父が倒れた頃から、現場は叔父さんがうまく切り盛りしていたため、親父の葬式が終わってからは悲しんでいる間もなく、また、忙しい毎日が始まった。

親父の死後、僕自身はデザイン事務所に就職し、デザインの仕事を中心に、ＩＴベンチャー、人材サービス、商社、ＷＥＢマーケティングの会社と、さまざまな会社を渡り歩いた。

弟の方はというと、高校を卒業してから、定職には就かず、屋形船の接客の仕事やレストランの厨房、カラオケボックスなどで働いていた。

実家の煎餅工場の経営も安定した状況が続いている中、２００４年、一足早く、弟が工場長として働き始めた。

急遽辞めることとなった工場長の後任として入った弟は、前任の工場長が辞めるまでのわずか1カ月という短期間で、煎餅の焼き方を受け継いでいった。

しかし、弟が入った数年後から、会社の経営は危機的状況に陥っていった。

2台あったトラックを1台手放し、パートさんの人数が見る見るうちに減って、経営状態がよくないことは一目瞭然だった。

当時、工場での製造業務は、工場長の弟と数人のパートさんで切り盛りしていたのだが、人件費削減の流れもあり、工場のサポートをしていたパートさんは徐々に減り、結果、弟が一人で製造を担うようになった。

同業の方に話すと誰もが驚くが、それ以来、工場の製造は弟一人で担っている。弟いわく、どんどんパートさんが減っていっても、こなさなければいけない仕事量は変わらず、弟なりの創意工夫で生産力を上げていった。

しかし、そんな弟の努力もむなしく、煎餅の注文は落ち込むばかり。注文がないから、焼くものがない。そんな悶々とした日々の中、2008年、リーマンショックが世界の市場を震撼させ、続いて2011年、東日本大震災が日本を襲う。

こうした外的要因の影響もあり、注文数は今まで以上にガタ落ち。そんな中、原料はどんどん値上がりする。しかし卸値を変えることは難しい。この板挟み状態が少ない利益をさらに圧迫し、会社の首をじわりじわりと締めていった。

売上減、工場倒産の危機へ

「煎餅屋って、こういうもんなんだよ」

弟なりに経営の怪しい雲行きは感じていたため、叔父さんや母ちゃんにそのことを言うのだが、諦めの言葉しか返ってこない。弟も30歳過ぎというのに、いまだに子ども扱い。のれんに腕押しといった状況だった。

「こっちはこっちでしっかりやるから、心配しなくていいよ」

そう言われるばかりの弟も、何かできることがあるならという気持ちはありながら、改善のための具体的なアイデアや行動があったわけではなかった。

その頃の工場にあったのは、「もう少し頑張っていればきっといいことがあるはず」という、根拠なき希望的観測でしかなかった。

その背景には、創業当時から、製造卸１００％でやってきた事情もある。得意先の店頭で煎餅が売れてくれないと、下請けとしてはこれ以上どうにもしようがない。こちらが積極的に新商品を提案しても、担当者判断で可能性を閉じられてしまうことも多々あった。

弟も得意先に自分たちの意思を見せ、作り手として新しい味や形を提案したことはあったが、それが商品化されることは一つもなかった。

その頃、同規模の煎餅屋さんが取引中止になったという話もよく耳にするようになり、できることは限られ、減り続ける売上に不安ばかりが募っていった。

タイミングの悪いことは重なるもので、数少ない仕事の中で、大手企業の孫受けとして卸していた商品を失注する事件が起きた。

当時、食の安心・安全の視点から、製造環境のガイドラインの水準がどんどん上がっていた。50年来の僕らの古い工場はギリギリ合格点をクリアしていたのだが、発注元の担当者は、より安心・安全な工場での製造を望み、大手の工場での製造に切り替える判断を下したのだ。


「頑張るって何だろう？」

「うまい煎餅を作るだけじゃ駄目なのか？」

「しょせん、町工場の定めなのか？」


そんな負の連鎖のような問いが弟の頭を駆け巡る中、さらに悪いことは続く。

銀行の追加融資、ストップ。

そして、叔父さんに病気が見つかる。

療養のため、叔父さんは社長退任を決意した。

じいちゃんも、親父も亡くなった桜の季節。僕らはまた、さらなる別れを意識した。

2014年の春のことだった。

兄が承継し、センベイブラザーズ誕生

2014年5月、母ちゃん、僕、弟の三人による家族会議が開かれた。

家業の危機的な状況を一通り聞き、どうすべきかを話し合った。

いろいろ話し合ったが、特に解決策が出るわけでもない。暗い雰囲気の中、僕は口火を切った。


「俺、工場継ぐよ」

決して理屈ではなく、思い一つでの決断だった。理由は二つ。

・親父との約束を果たすこと
・母ちゃんへの最後の親孝行

煎餅業界も経営も生まれて初めての僕に何ができるのか。今考えてみれば、不安とリスクしかない決断だった。

しかし、親父が死んでから宙に浮いたままの約束を果たし、後悔のない人生を歩むためにも、僕には迷っている暇はなかった。

駄目でもともと、やれることを精いっぱいやってみよう。

こうして、家族会議は前向きなのか後ろ向きなのかよくわからない曖昧な印象を残したまま幕を閉じた。

僕は、勤めていた会社に事情を説明し、8月いっぱいで退職し、9月から4代目として家業を継ぐこととなった。

前職での引き継ぎに追われたこともあり、家業の立て直しの準備は、8月に入ってからようやく取りかかることができた。

弟の焼く煎餅はとても評判が良かったため、食べてもらえれば絶対に買ってもらえるはずだと希望を抱いていた。

とはいえ、今までの製造卸の販売では、主体的に煎餅を売ることができない。だとしたら、直売だ。僕らが自ら販売し、お客さんに食べてもらう小売りを始めるしかない。工場初の小売りブランドを立ち上げよう。

弟が煎餅を焼いて、兄貴が売る。

そうだ、「センベイブラザーズ」でいこう。

センベイブラザーズ誕生の瞬間である。

第2章 挑戦

兄弟ブランドでの再出発

金なし、時間なし、経験なしのオフロード

僕は、幼少期からオフロード車が大好きだった。

山あり谷あり、いろんな障害物を乗り越え、車体を泥だらけ傷だらけにしながら、道なき道を突き進む。そんなオフロード車に憧れていた。

まさに、僕らの先代たちが作ってきた道が、荒れたオフロードに思えた。その荷台に乗っていた僕ら兄弟。やがて自らが運転手となり、幾多の悪路を乗り越え、道を切り開く。地図もコンパスもなし。ガソリンも残りわずか。そんな僕らにできることは、兄弟二人で同じゴールを目指し、アクセルを踏み続けることだけだった。

〝金なし、時間なし、経験なし〟

2014年9月、僕らのスタートはまさにこの三重苦から始まる。何かを始めなければいけないのだが金がない。金がかかることはできず、かといって何かをやらないと、工場は瀕死状態。銀行の追加融資がストップしてしまったため、もはや延命措置

もできない。時間なしの待ったなしである。

そして、極めつけは、経験なし。強みは弟が煎餅を焼けるくらいで、米菓業界の中ではとても経験というに及ばない。直売をやるとは言ったものの、小売り経験は皆無の僕らである。

転職市場において高い価値が置かれるのは、業界での数多くの実績。そこに詰まっているたくさんのノウハウが即戦力となり、企業に利益をもたらす。

業界未経験。40歳ですけど、精いっぱい頑張ります！

例えるなら、僕らの立ち位置はそんな感じ。

ところが、そんな僕らにもなけなしの武器があった。いや、当時は武器だなんて思っていなかった。

僕はデザインができて、弟は煎餅を作れる。

二人ともジャンルは違えど、ものづくりをしてきたことは、僕らにとって唯一の強みだった。その武器を最大限に使いながら、全てにおいて、自分たちのできることを全力でやるしかない。

最初の一年は、体を動かしながら、いろんなことをたくさん考えた。ひたすら走りながら考える。体と脳みそに汗をかく感じだ。

たくさん怒られたし、たくさん頭も下げた。失敗も成功も、経験値というガソリンに変えて、常に走り続けることしかできなかった。愚痴を言う暇も、言い訳する暇もない。

立ち止まったら、全てが止まってしまうという強迫観念もあり、僕らは歩みをさらに前に進めた。

今、振り返ると、二度と同じようなことはできないほどの活動量だったと思う。

平日は煎餅を作り、週末は駅前や、催事場で煎餅を販売する。そんな日々を、暑い日も寒い日も、兄弟二人で続けてきた。冬の雨空の下、二人で食べた熱々のかけそばのうまさは今でも忘れられない思い出となっている。

道なき道を走り続けるうち、1本の細いわだちがやがて道になっていく。そんなことを学んだ活動開始の1年だった。

目指したのはＮＹの「ホットドッグ」

僕らは工場初の小売ブランドを立ち上げ、まず始めたのがオリジナル商品の開発。自分が本当に欲しい煎餅を商品にしたかった。そんな思いのきっかけは、前職での体験にさかのぼる。

当時、僕はスーツを着て、表参道にあるオフィスに勤務していた。ＷＥＢサイトのディレクションやデザインの仕事をしていたため、残業は毎日のこと。帰りの駅までの道のりは空腹に耐えられず、カバンに忍ばせていた煎餅をかじりながら帰る日が多々あった。

煎餅を食べて帰るときは、わざと人気の少ない道を選んでいた。表参道という土地柄、スーツ姿で煎餅を食べる姿がかっこ悪いと思い、空腹と羞恥心の間で葛藤し、人目を避ける行動を取っていた。

でも、そんな小さな葛藤でも、解決できる煎餅があれば、もっと多くの人が煎餅を持ち歩き、食べてくれるんじゃないかと思った。

「そう。ニューヨークのホットドッグのように」

煎餅の食べ歩きが町のアイコンのようになれば、煎餅の価値も高まり、本来の魅力も伝わるんじゃないか。

そんな思いを胸に、ああでもない、こうでもないと、日々考えを巡らせていたところ、地元の駅のホームで運命的な光景を目にする。

不意に、ファッションブランドの香水のポスターのような世界観が目に飛び込んできた。ポスターや看板ではない。一人の白人女性が実際にホームに立ち、手にした三角形の物体を口元に運んでいる。

香水？　いや、違う。おにぎりだった。

何度も目にしてきた馴染みの景色にプラスアルファの要素を加えることによって、日々食べているおにぎりがこんなにも表情を変えることに驚愕した。

僕は新たな可能性を感じた。煎餅でもできるんじゃないか。

そんな素晴らしいインスピレーションがきっかけとなり、センベイブラザーズのデザインをより美しく、セクシャルなものに仕上げたい思いが強まっていた。

後に出来上がったコンセプト「せんべいを、おいしく、かっこよく。」のルーツも、そんな日常の些細な一コマから生まれていたりする。


新しく開発する煎餅の味も、基本、自分たちが食べたい味を形にしてきた。正直、トレンドや競合を気にしたことはない。自分が本当に欲しいと思っている商品でないと、自信を持ってお客さんに勧められないから。

自分たちの感覚には嘘をつかずやり続けてきた自負が僕らにはある。失敗もたくさんしてきたが、中途半端なことをしていては、成功も失敗も原因がぼやけてしまうから次につながらない。何事も次のアクションにつながるようチャレンジし続けた。

これも僕らセンベイブラザーズが大切にしている姿勢の一つ。

ロゴマークに刻んだ先代たちの魂

そんな思いとイメージを持って、具体的な制作に取りかかる。まずは、ブランドの顔となるロゴマークのデザインだ。

ロゴマークは、パーツとして、稲穂のアイコンとローマ字の〝Senbei Brothers〟を用意した。

アイコンの稲穂は、じいちゃんが会社のロゴとして使っていたアイコンをそのまま僕らのロゴに継承した。先代への僕らなりの継承と敬意を込めて。

〝Senbei Brothers〟の書体はセクシャルな印象の書体を探していたところ、一目惚れの書体がすぐに見つかる。今の形になるまで時間はさほどかからなかった。

一番迷ったのは、ローマ字の下に小さく「煎餅兄弟」と入れるか入れないか。伝わらなかったときのためのリスクヘッジとして追加の情報を入れたくなってしまうが、これは全く新しいものを作るときに起こりがちなこと。

でも、中途半端はやはり罪として削除した。ネットで売りたい意識もあったので、

〝senbei-brothers.jp〟とドメインを入れ、現在のロゴに仕上げた。

このロゴは、僕が20年やってきたデザインワークの中で、一番の作品だと思っている。一番思い入れがあるのはもちろんだけれど、活動して1年くらいは印刷するお金がなかったため、ロゴマークをスタンプできるものは、パッケージからギフトボックス、紙袋、Tシャツ、撮影素材の数々まで全てスタンプで対応した。パッケージに押した数は数万枚。手首の痛みに耐えながら、押し続けた日々が懐かしい。

正直、ミススタンプすることも多々あった。ミスをしないように、一つひとつ丁寧に押していく。そんなアナログならではの地道な作業を通して、よりロゴマークへの愛情が芽生え、そのことがブランド急成長の追い風になってくれた気がする。

ブランドも人も、共に育っていく。そんな経験ができたのはデザイナー冥利につきる。

余談だが、ブランド愛を高めたい人には、ロゴマークのスタンプ押しをお勧めする。スタンプのゴムは黒の耐久性の高い素材で、インクは油性の速乾タイプがベストマッチ。

KASAHARA SEIKA

じいちゃんがデザインした会社のロゴ

SENBEI
BROTHERS
senbei-brothers.jp

センベイブラザーズのロゴ

ロゴのスタンプ

痛みに耐え、印字したパッケージロゴ

パッケージデザインは、ロゴマークのデザインと違って、いろんな制約がある中で仕上げていくため、難易度が上がる。そんな中で、僕らのパッケージは三つのコンセプトを形にすることを目指した。

1　かっこいいこと
2　機能性があること
3　小ロットでできること

僕らならではの工夫は、３番目の「小ロットでできること」に重きを置いた点だ。印刷に詳しい方ならわかると思うが、パッケージの印刷コストは、一般的に大量印刷することによって単価が下がる。そして、初めて消費包材としてお菓子を包み、お客さんの手元に渡っていく。しかし、大量に印刷するとなると、次の二つのリスクがつ

いて回る。

1　投資リスク
2　在庫リスク

いくら作り手の思いのこもった商品でも、100%売れる保証のある商品はない。お客さんに購入してもらえるのは、さまざまな要素が合致したときでしかない。数百円の商品でも数百万円の商品でも同じことだ。

ましてや、〝金なし、時間なし、経験なし〟の三重苦の僕らには、売れる可能性に対する勝率は全くと言っていいほど見えていなかった。

僕らの価格帯の商品で、包材コストの単価を販売コストに落とし込むとなると、数万枚以上の印刷とコストが必要になる。売れなかった場合には、多額のお金を使って製造したパッケージがゴミとなってしまう。そんな最悪のパターンだけは避けなければならない。

そこで僕らが目をつけたのは、コーヒー豆を入れる袋。

現在の僕らの商品のパッケージの原型となっている、透明のスタンディングパウチの袋の上に、クラフト紙を貼り合わせたタイプの袋。

この袋であれば、密封性もあり、小ロットでの購入も可能。印刷所に発注しなくても、ロゴマークのスタンプで印字すればいい。人力の超アナログ印刷で十分対応できるというわけだ。

手作業によるスタンプの印字には、物理的に枚数が増えた場合の懸念があったけれど、スタートすることにした。

しかし、スタートするや否や、その懸念が見事に的中。販売数が一気に増えたのだ。僕を含めパートさんの人海戦術により、手首を痛めながら何万枚もの袋にスタンプを押して乗り切った。手首に白いテーピングをしたパートさんを目にするたび、申し訳ない気持ちでいっぱいだった。

そんな困難を乗り越え、販売数も一定量を見込めるようになってから、パッケージは印刷対応に切り替えた。当時のパートさんには心から感謝。

煎餅の価値をスクラップ&ビルド

皆さんは、「久助」というものをご存じだろうか?

言葉を聞いたことはなくても、割れた煎餅が袋にたくさん入って特価で販売されている商品と言えば、イメージできるかと思う。

この「久助」、言葉の由来は、完全なもの(=10)に少し欠けている(=9)ことから、「九助」となり、転じて「久助」となったらしい。諸説あるらしいが、親父から聞いた好きなエピソードの一つ。

煎餅業界では、割れた煎餅はB級品として扱われ、安く販売される風潮がある。しかし、製造業における製造ロスは、お客さんにコストを上乗せすることになる。

10kgの煎餅を焼き、そのうちの2kgが割れ、販売商品から除外したとしよう。

10kgの材料費を使い、結果、8kgしか商品として販売できないとなると、2kgのロス分のコストが商品単価にのしかかり、お客さんに余計な負担をかけてしまうのだ。

僕らの煎餅は、人の手間がかかっている分、大量生産の煎餅と比較して割高となるため、負担はさらに大きくなる。コストの負担だけではない。作り手としても、一生懸命作った煎餅をひとかけらでも多く、お客さんに食べてもらうことが本望。

・煎餅の価値を高める
・無駄なコストは排除する

そんな視点から商品開発に臨んだ。僕らの煎餅の内容量表示は一部の商品を除き、無選別のグラム表示がほとんど。一つのパッケージには、割れていない煎餅がおよそ9割、割れた煎餅が1割ほどの割合で入っている。

しかし、割れた煎餅＝B級品としてイメージする人もいるから、見せ方には工夫した。パッケージは、袋の一部分だけ透明の小窓がついたものを使う。煎餅を袋に入れるときも小窓から見える部分に割れていない煎餅を入れ、その後ろに割れている煎餅を入れる。こうしてパッケージと袋詰めにも工夫を凝らした。

逆に、割れていることをプラスに転じた商品もある。

それが、「センベイカーニバル」。

これは4種（白いり胡麻、黒胡麻、甘辛七味、ザラメ）の割れ煎餅だけを集めて混ぜ、ボトルに入れた商品。ボトルに煎餅を入れることによって見た目もきれいだし、密閉性も抜群。

食べてみると、甘い・辛い・しょっぱいが一気に楽しめて、口の中がいろんな味で祭りのようににぎやかになるから、センベイカーニバル（祭り）と名づけた。見た目良し、食べて良し、ネーミング良しの商品。

そんな感じで、業界の常識にとらわれず、スクラップ・アンド・ビルドを繰り返し行い、僕らは煎餅の価値を高めていった。

クラフトパッケージ

センベイカーニバル

好かれるか嫌われるか。二択の味作り

僕らが煎餅の味の開発の判断基準としたのは〝好かれるか、嫌われるか〟のどちらかだった。中途半端は罪とした。

100人の「おいしい」より、一人の100回の「おいしい」が僕らの理想。長く記憶に残る味。「また食べたい」と何度も思い出してくれる味。僕らはそんな味の開発を目指した。

個性的なエッジの効いた味。大手メーカーにはできない、僕ら町工場にしかできない味づくりにトライしていった。

そんな僕らの開発姿勢を感じてもらえるエピソードがある。

〝極みワサビ〟という辛味の強い煎餅の開発話。

ワサビの辛さが好きだった僕は、とある日の朝、工場長の弟に「極みワサビってい

う辛味の強い煎餅作りたいから、試作よろしく！」とサクッとオーダー。

すると、その日の夕方には試作品を持ってきた弟。

「兄貴、これでどうかな？」

「いや、辛味が弱いな。もっと強めで」

「これならどうだろ？」

「いや、まだ弱い。これじゃ〝極みワサビ〟を名乗れない。もっと、もっともっと！」

そんなやり取りを繰り返すこと数回。

弟が鼻水を流し、目に涙を浮かべながらやってきて言った。

「アニギ、コレデ　ドオ？（鼻声で）」

「これだよ！　これ！　これこそ、極みワサビ！」

極みワサビの誕生に歓喜しながら、僕は弟に聞いた。

「何で最初っから、ここまで強めなかったの？」

「兄貴、俺、ワサビ苦手なんだよ」

「…………」


兄弟、長い付き合いでも知らないことはまだまだあるもんだ。

そんな気づきもありつつ、好き嫌いを味の判断基準にしてはいけないと学んだ経験でもあった。そんな勢いで作り上げた「極みワサビ」だが、今ではナンバー2の売れ筋商品。

時にはそんな感じで、わずか半日で人気商品ができることもあれば、開発に3カ月かけても、廃番となっていった商品も多い。でも、そこにはいつでも、形にしたい味の確固たるイメージがあって、僕らはそのイメージを形にするための試行錯誤を繰り返し、何度もトライしてきた。


好かれるか、嫌われるか、中途半端は罪。

ぶれない判断基準を持ち続けるのは、実はなかなか大変なことだ。しかし、判断基準を明確にしていると、的が絞れて集中しやすい。狙うは下手なヒットより一発ホームラン。当然、全てフルスイング。崖っぷちの煎餅屋に、送りバントなんてやっている暇はない。

素人 × 職人のケミストリー

僕らの煎餅の魅力の一つでもある、20種を超えるバラエティにあふれた味の展開は、先代たちの築いた礎に加え、職人としての弟の功績が大きい。

当時、僕はノリと思いつきで、新しい味のアイデアを弟にオーダーしていた。いや、オーダーなんて厚かましい、ただの無茶振りである。

なんせ、僕は、煎餅に関しては全くの素人。業界の常識もセオリーも関係なし。イメージとノリだけで弟に無茶振り。弟が言葉を詰まらせようが、一切お構いなし。

「シロートだからよ！」

人気のバスケ漫画のセリフさながらの開き直りである。

ただ、そんな僕の無茶振りは、弟の職人魂に火をつけていた。弟はどんなときでも「無理」と言ったことは今までに一度もない。

素人の要望がそのまま形になる確率は物理的に少なかったが、職人である弟は、毎回プラスアルファの提案を打ち出してくれた。


「どう？　こないだの試作できた？」

「言われた通りにはできてないけど、こういう味はどう？」

「お！　いいじゃん、これ、週末から売ろうぜ！」

「え！　まじかよ（笑）」


こんなノリで僕らの商品数はどんどん増えていった。素人×職人のケミストリー炸裂である。

そんな関係性からか、僕が単に兄だからか、弟に対しては商品開発だけでなく、他の仕事においても、一方的な無茶ぶりが通例となっていった。

「できないよ」とは言わないが、

「聞いてないよ！」は、さすがによく耳にするようになっていった。

聞いていようが、聞いていまいが、結局、どんなことでも器用にこなしてしまう弟。

でも、兄の僕が最前線で好き勝手に動けるのも、そんな弟の存在が大きい。

「そんなタマじゃねーよな」

これも人気バスケ漫画の熱い一コマから。疲れ切ったスリーポインターにキラーパスを放った瞬間のセリフ。

僕も同じく、そんな言葉を胸に、弟にキラーパスを放ち続けている。

初めての工場直売

２０１４年10月、初めての工場直売を開始した。

工場の一角に一斗缶を積み、その上に煎餅の網を載せ、簡易的なテーブルを作り、その上に商品を並べただけのチープな売り場。この売り場が数年で数百人もの行列が並ぶ場所になるなんて、夢にも思っていなかった。

工場の入り口には、目立つように〝お煎餅〟と書かれたのぼりを立てた。船の帆のように風に揺れるのぼりは、大海原に乗り出す船の帆ような感じがした。大海に挑む僕と弟の手作りの船。見果てぬ島を目指して、さあ、出発進行！

僕らの工場は、駅から離れた住宅街の一角にあり、初めて来る人にはわかりにくい場所にあった。なので、通行人の目に留まるように、いろんなことをやった。

最初はのぼりだけだった入り口に、横断幕を掲げ、イーゼルを立て、いろんな情報を発信し、煎餅の直売をやっていることを通行客にアピールした。時には音楽をガンガンにかけて、耳へのアプローチも行ったが、ご近所さんに怒られ、それからはボリュームは控えめにした。

工場は通りから少し奥まったところにあるので、最初はお客さんも恐る恐るという感じで入店してくれた。当時は、来てくれた方に、焼きたての熱々の煎餅をサービスしたり、夏場にはお客さん用にウォーターサーバーをレンタルして、その場で煎餅を楽しんでもらえる店作りを目指した。

店頭で初めて販売したときのお客さんは明確に記憶している。近所の調剤薬局の主任さん。朝、僕がのぼりを出していると、乗っていた自転車がピッと止まった。

「お煎餅、買えるんですか？」

「買えます！」

僕は初めてのお客さんにお買い上げいただき、精いっぱいの声で「ありがとうございます！」と頭を下げた。今でもごひいきいただいているお客さんの一人だ。

地道に工場直売を行っていると、地元の若いママさんたちがよく足を運んでくれるようになった。小さなお子さんを連れて、幼稚園帰りや、公園の帰りに立ち寄ってくれる。

ママさんたちのネットワークは計り知れず、近所の幼稚園や保育園、小学校単位で僕らの煎餅が口コミで広がり、お客さんの数もどんどん増えていった。

若いママさんたちの目に留まったことは、とてもラッキーだった。口コミで広げてくれる一方、家族も呼んできてくれる。ママが味見して、お子さんも味見して、いくつかの煎餅を買っていってくれる。すると、週末にパパさんも一緒に来てくれる。そして、翌週末にはおじいちゃん、おばあちゃんも一緒に来てくれた。

煎餅は、子どもから大人まで誰もが食べられる、家族共通のお菓子。

そんな気づきを僕らに与えてくれた光景だった。考えてみれば、そんなお菓子はありそうでなかなかない。一つの煎餅をきっかけに、家族の会話が弾んだり、共にする時間が増えるというのは、僕らにとっても非常にうれしいことだった。

売り場で発見。隠れたニーズ

実際に自分たちで煎餅を販売してみると、いろんな用途や要望があることを学んでいった。

「お遣いもの文化」

若いママさんたちは、まずは、自宅用に2〜3個購入し、次の来店では、10数個まとめて買っていってくれる。そんなパターンが多く、商品を選ぶ際には「この前のお礼に」とか「誰それに持っていく」などと口にしながら、選んでいく光景をよく目にした。

僕はそれまで、そんな〝お遣いもの文化〟があることすら知らなかった。プレゼントだと堅苦しいが、ちょっとしたお礼の印に渡せる贈りものとして、煎餅の内容と価格がマッチしていたようだ。新たなニーズの発見である。

これは、僕らにとってさらなる追い風をもたらしてくれた。口コミもさることながら、お客さんの手から新たな人の手に渡り、僕らの煎餅を食べてもらえる。そして、さらなるお客さんを呼び込んできてくれる。僕らはそんな多大なる恩恵を受けていた。

「おつまみニーズ」

当初、僕らの煎餅の味は、おやつやお茶請けにマッチするようなバリエーションを揃えていた。

しかし、ママさんたちの来店をきっかけに、パパさんたちが売り場に来ると、「これはつまみにいいな」「酒に合いそう」と、つまみの用途をよく口にするので、おつまみ系でも新しい味をどんどん増やしていった。

その結果、売り場には20種ほどの味の煎餅が並ぶことになり、結果的に年齢性別を問わずに楽しめる、幅広い商品バリエーション展開となっていった。

子どもは「バターしょうゆ」。ママは「バジル」。パパは「極みワサビ」。おじいちゃんは「塩ゴボウ」。おばあちゃんは「梅ザラメ」といった具合で、家族みんなで選

当時の工場直売の売り場

当時販売していたギフトボックス

んでいる様子は、こちらも見ていて楽しい。

たまに、店頭で子どもとママのおねだり対決が勃発したり、兄弟ゲンカがにぎやかに始まったりすることもあった。どれも僕ら販売側にとっては名誉な光景だった。

そんな流れから贈答用のニーズも増え、ギフトボックスを作ったり、リボンを作ったりした。来客数が増え、販売数も増えたのに伴って、売り場も僕らも成長を遂げていった。

初の催事。工場から外へ踏み出す

2014年10月末、初の催事出店の話が舞い込んできた。

それが「新川あさ市」。

近所にある公共施設「新川さくら館」の広場で開催されるマルシェ型の催事。地元や各地の業者さんが、名産品や食品を持ち寄り、テント型の店舗で販売する。

工場から初めて外に出ての販売。工場で販売している以上に多くの人に知ってもらえるチャンスだ。何かしらの足跡を残したい。まだまだ新参者の僕らは、３５０円のメイン商品以外に、お客さんの引きとなるよう１００円の利益度外視のお得商品も用意して、出店に臨んだ。

初回はまずまずの感触。「新川あさ市」に僕らは定期的に出店させてもらい、毎回さまざまなアイデアを盛り込み、少しでも足跡を残す努力を重ねた。

思い出深いのは、サイコロゲーム。お子さん連れのママさんが多いため、夜店さながらのゲームコンテンツを用意した。サイコロを振って、出た目の結果により特典をプレゼントする仕組みだ。

ゾロ目が出たら「大当たり！」

チリーンチリーン♪とベルを鳴らして、他のお客さんの関心を誘う。当時は、お客さんを引きつけるためなら何でもやっていた。

そんな表向きの努力と同時に、催事の運用方法にも僕らなりの創意工夫を加えていく。目指したのは、「楽で、見栄えのする運用」。次のように、課題がクリアできる方法を模索した。

・運用面：効率的かつ無駄のない在庫配置
・販売面：無駄のない商品陳列、ブランドのＰＲ

試行錯誤の末、今の催事の運用スタイルは完成した。

商品をプラスチックの衣装ケースに入れ、販売分の商品分の衣装ケースを現場に持っていく。衣装ケースを数段積み上げ、柱を何本か作る。その上に板を渡してカウンターを作り、衣装ケースの前に「センベイブラザーズ」のロゴが入った紫の横断幕を巻けば、売り場の出来上がり。

販売中も、陳列在庫がなくなったら衣装ケースの引き出しから出すだけだから、保管状態も良いし、販売のオペレーションも効率的。畳２畳くらいのスペースがあれば、どこでも煎餅を販売できるスタイルを築いた。

どの催事でもこのやり方をしていたら、同じ催事の出展者さんに「こんな方法初めて見たよ」と感心されることもしばしば。僕らにとってはありがたい賛辞の言葉だ。

「金なし、時間なし、経験なし」の僕らは、常に「楽して成果につながる」ことに頭を働かせていた。しかし、それは結果的に、新たなアイデアや方法論を生み出すこととなり、僕らのノウハウとして蓄積されていった。

ピンチをチャンスに、課題はアイデアの母。

仕事の課題解決に煮詰まったら、オフィスの机の上で頭を抱えるより、外に出よう。現場で汗かきながら考えることを僕らはお勧めしたい。意外に使えるヒントがゴロゴロ転がっているはず。

初めての催事「新川あさ市」

現る！　僕らの半沢直樹

唐突だが、半沢直樹という名の銀行マンが登場する小説をご存じだろうか？

熱い銀行マンの奮闘を描いた作品で、僕も楽しませてもらった読者の一人。しかし、現実は小説より奇なり。僕らも半沢直樹のような銀行マンに助けてもらった町工場の一つ。


小説ほどスケールのある話ではないが、彼の存在がなければ、今の僕らもいない。

彼との出会いは、僕が家業を継ぎ、センベイブラザーズを立ち上げて間もない頃。フラッと飛び込みの営業にやってきた。

まだ、会社の代表者として実質的に機能していない僕は、銀行との付き合い方もわからないし、その彼がどこの誰なのかもわからない。

「彼はうちと取引のない銀行のただの営業だから、帰ってもらっていいよ」

ちょうど引き継ぎに来ていた前社長から僕は言われ、1年ほど地道に通い続けてくれている銀行マンだと知った。

僕は、話のしやすそうな彼と少し立ち話をした。

経営初心者の僕に、わかりやすくいろいろと教えてくれて、とても好感を持ったのを覚えている。そんな好感触な出会いをきっかけに、彼との付き合いが始まった。

でも、付き合いといっても、ちょこちょこと顔を出してくれる彼と立ち話をする程度。僕らの工場の現状は、これ以上の借り入れもできない状態だった。いろいろ教えてくれるのはありがたいが、そんな彼に恩返しできる日が来るのかどうか、後ろめたい気持ちを抱きながらも接していた。


彼は、そんな一方通行の関係でも、始まったばかりの「センベイブラザーズ」に大変興味を持ってくれて、僕らの思いを真摯に受け止めてくれた。

僕らは、新たな煎餅の売り場として、地元の「船堀駅」での路上販売に狙いを定めていた。毎週、金曜になると地元の「くずもち屋さん」が駅にお店を出していることもあり、どうしたら出店できるのか模索しているところだった。

そんな話を彼にすると、彼は「僕、調べときますよ」と爽やかに答えてくれた。さすが営業マンだなとは思ったが、特に期待はせずにいたところ、その数時間後、彼からの電話。

「運用窓口、わかりました！」

すぐに調べてくれて、運営窓口の連絡先を教えてくれたのだ。仕事の早いヤツ。日々、現場に追われている僕らにとっては、そんな小さなことでも大きなきっかけであり、とてもありがたいアシストだった。

連絡先がわかれば、話は早い。数週間後には、僕らの念願が叶い、駅での販売を開始することができた。平日は工場直売、週末は駅での販売を、可能な限り行った。

しかし、うれしいながらも問題が起きる。商品数と販売数がどんどん増えていったのは良かったのだが、駅前販売の運搬に使っている車には商品が乗り切らなくなってしまったのだ。

商品をもっとガンガン売りたいのに、車の大きさに制限されるジレンマ。こんな悔しいことはない。そこで、僕らは新たな車両の購入を決意した。

追加融資のままならない僕らにとっては、新たに車両を購入できるかは雲をもつかむ思いだったが、僕らの半沢直樹なら何とかしてくれるのではと、ダメもとで相談してみた。

すると、区の利子補給のサポート制度を提案してくれた。でも、僕らの財務状況はまだまだ悪い状態。ダメもとで出した書類も、一度では受理されなかったのだが、彼のサポートのもと、今後の試算をさらに詰めていった結果、融資が通り、車の購入が実現した。

そのときの自動車は今でも現役の運搬車で、日々煎餅を運搬している。その後の都内催事の出店には欠かせない存在となり、新たなステージへと誘ってくれた相棒のような愛車だ。

僕らにとっての半沢直樹。彼はその後、都内の支店に栄転していった。

エピソードはそれくらいしかないが、振り返ると彼の功績なしには今の僕らはなかっただろう。新たな道を切り開いてくれた、僕らの半沢直樹。

また彼と会う機会があれば、あらためて「ありがとう」と伝えたい。

煎餅がＮＧ？　酔っ払いとケンカ！　の路上販売

２０１４年11月、地元の催事を経験した僕らは、最寄りの「船堀駅」での路上販売を開始した。

路上販売は、今まで行ってきた「工場直売」や「催事」とは大きく勝手が変わってくる。お客さんのモチベーションが違うのだ。

工場直売も催事も、何かしら購買の目的があって訪れてくれている人たち。火起こしに例えると、火種があり、うまく風を送れば発火してくれ、購買に結びついてくれる。路上販売で出会う人たちの目的はそれぞれで、火種を持っている人はほぼいない。

実際に火起こしをしたことがあるだろうか？　やってみるとわかるが、なかなか難しい地道な作業だ。僕らの路上販売もその地道な作業から始まった。うなるくらいのキャンプファイヤーを目指して。

「煎餅がＮＧワード？」

まだ、何もわからない僕らは、工場直売や催事のときと同じように、「煎餅」と書かれたのぼりを立て、商品を台に陳列し、販売を開始した。

初の路上販売を始めた。「いらっしゃいませ〜、おいしいお煎餅はいかがですか〜」と弱々しい声。当然お客さんはスルー。立ち止まってくれる人はいない。

しかし、地道に声を出していると、一人のお客さんが寄ってきてくれた。

「お煎餅なの？　私好きなのよ〜、どれがお勧め？」

お勧めの味をいくつか試食してもらい、１袋買っていただいた。ホッ。少し肩の荷が下りた。しかし、期待値にはまだ程遠い。

催事もそうだが、駅での販売にも場所代が発生する。煎餅を一定量販売しないと赤字が待っている。たくさんの荷物を持ち込み、設営して、寒風の吹く中、数時間店に立ち続けた結果が赤字だなんて、もう罰ゲーム以外の何ものでもない。

そんな罰ゲームを避けるためにも、僕らは集中した。すると、お煎餅を買ってくれる人とそうでない人の行動の違いに気がついた。原因は、一番目立たせていたのれんに印字された「お煎餅」の文字だった。「お煎餅」ののぼりを見て、好きな人は興味を示してくれるが、興味のない人は、即離脱してしまうのだ。

当時、僕らは「煎餅離れ」といった言葉をよく口にしていた。友達10人くらいに、「ここ一週間で煎餅食べた人いる？」と聞いても、一人いればまだいい方。割合でいえば良くて10％。

人通りの多い駅前で千人通って、多く見積もって10％の１００人が興味を持ってくれたと仮定しよう。買ってくれる人は、よくてもその10％のうちさらに10％にすぎない。そこに僕らの煎餅の平均売上単価をかけてみると、場所代にも届かない。これでは罰ゲームまっしぐらである。

　そこで、僕らは見込みの母数を増やすため、ある変化を加えた。

　僕らは「こっち側（僕らに感心あり）」「あっち側（僕らに無関心）」といった言葉を使ってお客さんのタイプを分類していたのだが、「こっち側」に引き寄せるためのきっかけ作りを試みた。

　まずは、離脱のきっかけとなっている「お煎餅」と書かれたのぼりを外し、アイキャッチとなるものは僕らの商品のみとした。

　そして、声出しからも「煎餅」のワードを排除。「いらっしゃいませ〜。ご試食いかがですか〜」のみとした。

　すると、お客さんの動きが変わった。煎餅らしからぬパッケージに入った得体の知れない商品に、人が寄ってくるのである。


「何これ？　クッキー？　グラノーラ？」

「いや、お煎餅です」

「なあんだ、お煎餅なの」

「いや、ただのお煎餅じゃないです」

「すごくうまいお煎餅です。ぜひ試してみてください！」

すると、恐る恐る試食を口にしたお客さんが
「うわっ、おいしい！」

「お煎餅ってこんなおいしいんだ」

「こんなお煎餅、食べたことない！」


僕らにとって身震いするような言葉の数々に、11月の寒さなんか一気に吹き飛んだ。

結果、お試しいただいた人の８割くらいが煎餅を買っていってくれた。

目指せ、「脱・煎餅離れ」。ピンチをチャンスに変えた瞬間だ。


そんな感じで始まった僕らの路上販売だったが、売り場でいろんなことに気づくことができ、たくさんの学びを得た。商品開発から接客、お店作りに至るまで、可能な

限りの改善を行い、僕らは知的にもいろんな筋肉をつけていった。

一方、失敗も反省も多々あり、酔っ払いとケンカしたこともある。

「ふざけんな、てめえ‼」

怒号を上げる僕。酔っぱらいとの一触即発状態。そこへ警察官がやってきて、交番に連れていかれた。とある日の船堀駅に出店していたときの一コマだ。

きっかけは大人げないが、店頭に用意していた僕らのポスターが踏まれ、その踏み方が故意に踏みにじっているように見え、僕はお客さんのいる前で声を荒げてしまった。

普段は僕もそんなに血の気の多い方ではないのだが、自分たちの強すぎる思いからか、感情の跳ね返りがたまに露呈してしまうこともあった。

交番から戻ってきて、弟に謝った後に言われた一言。

「一番謝らなければいけないのは、お客さんにだよ」

まさにその通りである。僕は猛省しきりだった。

SENBEI BROTHERS
お煎餅
SENBEI BROTHERS
塩ゴボウ
SENBEI BROTHERS
SENBEI BROTHERS
せんべいを、おいしく、かっこよく。
SENBEI BROTHERS

駅前販売の様子

抵抗勢力の母ちゃんが僕らの守護神に

センベイブラザーズを始動して、表で頑張りながらも、中で努力したことも多々ある。家業を継いだり、家族経営を行っている人ならわかると思うが、先代や、自分の親との関係性という、実に奥深い話。

「うちの先代（親）はものわかりがよくて、最高の仕事パートナーですよ」

こんなセリフは今まで聞いたことがない。僕の周りの若旦那たちは、たいてい何かしらの課題や悩みを持っていた。

僕らも、その例にもれない「家族経営」の一つだ。

紆余曲折あり、家業を継いだ僕だったが、母ちゃんとは、本当によくケンカをしてた（今もたまに）。仲裁に入るのはいつも弟の役割（毎回ごめんね）。

センベイブラザーズを始動して、米菓業界の常識なんてお構いなしにトライしてきた僕だが、目の前に米菓業界の大ベテランがいるのである。それも、半世紀にわたり、たくさんの苦労を乗り越え、礎を築き、工場を守ってきてくれた人、それが母ちゃん。母ちゃんは、僕に受注生産の仕事をメインに引き継いでやってもらうというイメージを持っていたようなのだが、未知数のセンベイブラザーズを立ち上げるのに躍起になっている僕を見て、口には出さずとも、ものすごくイライラしているのが伝わってきていた。

それもそのはず、半世紀守ってきた工場が、煎餅の素人の僕に最後のとどめを刺されかねない。当然の感情である。

そんな感情の母ちゃんから、新しいこと一つひとつに「待った」が入る。パッケージについては「こんな袋、煎餅に合わない」。価格も「３５０円？　買うわけない」という調子で、工場直売そのものにも反対の意思を示し、母ちゃんは何にでもまず否定することから入った。

当時、僕らはＳＮＳを活用し、大事な販促活動の一つとして日々の更新を行っていた。しかし、当時ガラケーだった60歳半ばの母ちゃんには、ＳＮＳは未知の世界だし、僕のやっていることは遊んでいるようにしか映らなかった。

手間のかかるにんにく煎餅を作っている現場で、僕はビデオ撮影。早く仕上げなくてはならないのに、母ちゃんは文句を言いたくてしょうがない。そうすると案の定、雰囲気が悪くなり、ケンカ勃発。母ちゃんは泣いて工場を出ていってしまった。

「待てよ！」と追って、母ちゃんの肩をつかむ僕。

80年代の恋愛ドラマさながらのシーンを近所で交わす、40歳の長男と60歳半ばの母。煎餅以上にしょっぱい話といったらない。

でも、母ちゃんと僕の目指すところは変わらない。いくらケンカしようと、同じ船でゴールを目指す仲間。悪いと思ったことには素直に謝り、感謝することにはしっかりとお礼を言い、お互い歩み寄りを見せながら、その都度善処してきた。

SNSが僕らの情報発信の多くを占めるようになってきた頃、母ちゃんも嫌々ながらスマホに替えた。ＳＮＳを見るようになると、そこに上がってくるお客さんの意見がだんだん楽しくなってきたらしく、しまいには「あれ、更新してないじゃないの」と催促するほどの変わりよう。

受発注のシステムを全てパソコンに変えたときも、「できるわけないじゃない！」と言い放ちながら、切羽詰まると自分からやり出して何とか片づけてしまう。60歳半ばの女性とは思えない機敏さと柔軟性を兼ね備えた母ちゃんは、抵抗勢力から僕らの守護神へと変化を遂げた。

今はお互いに忙しい分、行き違いが発生したりしたときは、「この注文受けたら、こっちのお客さんに迷惑かけちゃう」といった様子で、二人とも結局お客さんのことを考えている。あの当時とケンカの質が変わってきたのは、とても喜ばしいことだ。

大ゲンカをするたびに「もう辞める！」と言うのがくせになっている母ちゃん。もういつでも引退していていい年齢だし、ずっと働かせてしまって申し訳ない気持ちも多々ある。

「家業を継ぐ」という親父との約束は果たした。

あとは、母ちゃんへの「親孝行」が僕個人の目標。

頑張るよ。母ちゃん。

母ちゃんのやる気には頭が下がる

第3章　成長

傷痕から足跡へ

都心出店は惨敗の連続

僕らの工場がある東京都江戸川区船堀。東京23区内ではあるが、川を1本渡れば千葉県という、いわゆる東京の東端に位置する。地元の「船堀」で体力をつけた僕らは、もっと多くの人に煎餅を広げるべく、都心への進出を始めていた。

◎日本百貨店しょくひんかん（秋葉原店）

都心での売り場を探していると、ちょうど秋葉原にある「日本百貨店しょくひんかん」を見つけた。日本各地の名産品を取り扱う物産店だ。

早速、催事出店の相談をさせてもらうと、その場で快諾。店内の一部のスペースを借りての催事出店に至った。

今までの地元での催事や駅販売との大きな差は、数多くのライバルの存在である。各地の名産が集められた売り場は、どこを見渡しても魅力的な商品ばかり。僕らはまるで、ベテラン揃いのプロのトーナメントに挑んだ青臭いルーキーのようだった。

結果、初回はそこそこだったものの、2回、3回と回数を重ねるごとに惨敗。都心出店の出鼻は見事にくじかれたものの悔しさをバネに変えて、日々の活動の原動力に変えていった。

この時の催事出店では良い実績が残せなかったが、この秋葉原をきっかけに、新しく卸販売としてのお取引きが始まることになる。東京近郊のいくつかの店舗で多くの商品を取り扱ってもらうことになり、本当にありがたい限りだ。

◎東武百貨店池袋店

僕らにとっての百貨店催事デビューは「東武百貨店池袋店」だった。しかし、デビューといっても、食品売り場ではなく、紳士服売り場の一角。お世話になっていた地元の「くずもち屋さん」の計らいもあり、イベントに合同出店することとなった。

初めての百貨店催事では、納入から設営、細かな接客ルール、レジでのお金のやり取りなど、初めて尽くしの学びにあふれる機会だった。下町の町工場の僕らに百貨店の門をたたかせてくれた計らいにはとても感謝している。

◎青山ファーマーズマーケット

都心での販路開拓をしながらも、僕らの活動のベースは地元にあり、工場直売と船堀駅での販売を精力的に行っていた。

そこで、お客さんから「青山ファーマーズマーケット」の存在を教えてもらう。東京の青山で開催されている野菜を中心としたマルシェ型の催事だ。

土地柄、芸能人も来るような人気の催事で、出店ハードルも高いとの評判を聞いた。ハードルが高ければ高いほど、相手に不足はない。早速、連絡を取り、出店の切符を手に入れた。

そして、満を持しての出店、そして結果は惨敗。計3回の出店となったが、催事の売上ワースト記録を更新した。

「やべーぞ、これ」

イケイケでやってきた僕らだったが、この惨敗は悔しさのレベルを通り越し、大きな焦燥感となってのしかかってきた。数カ月後には「伊勢丹新宿店」への出店を控えていたのだ。

「伊勢丹新宿店」での催事は、バンドに例えると武道館のようなもの。催事の頂点に位置する存在だ。出店のハードルも高く、求められる品質も高い。一流中の一流どころがしのぎを削る戦国時代のような舞台。

運良く、僕らは活動1年でそのチャンスを得たのだが、「青山ファーマーズマーケット」では、完膚なきまでに打ちのめされることとなった。

さて、どうしたものか……。

日本百貨店しょくひんかん(秋葉原店)催事の様子

東武百貨店(池袋店)出店の様子

センベイブラザーズ、再起動

２０１５年９月。気がつけば、センベイブラザーズを始動してちょうど1年が経とうとしていた。そして、僕の40歳の誕生日を迎える月。

「伊勢丹新宿店」への出店切符は、センベイブラザーズの満1歳と、僕の40歳を祝福する誕生日プレゼントのようだった。

しかし、「青山ファーマーズマーケット」での惨敗。

僕らにとっての誕生日プレゼントは「試練」に変わった。でも、考えてみればそれが一番の贈りもの。乗り越えさえすれば確実な成長が待っている。

「よっしゃ、やってやろーぜ！」と奮起する。センベイブラザーズ、再起動である。

「青山ファーマーズマーケット」の現場で学んだことをもとに、僕らは売り場の見せ方を抜本的に見直した。

売り場で学んだのは、3秒ルール。僕らの店頭をお客さんが通り過ぎる時間だ。わずか3秒の中で、僕らの売り場に興味を持ってもらう「取っかかり」を作らなければならない。

都内の売り場には、魅力的な商品があふれていて、商品をよりよく見せるための演出が見事に施されていた。僕らも自分たちの世界観をもっと磨いていこう。VI（ビジュアル・アイデンティティー）の強化というやつだ。

僕は、いろんなヒントを探しに、自分の好きなアパレルの店や参考になりそうなカフェにも行ったりした。そして、イメージを固めて、材料を探しに、ホームセンターや合羽橋に何度も通い、ディスプレイ用のツールや、売り場を作るための木材など、いろんなものを仕入れてきた。

そして、ある程度形にして、弟にこれでどうかな？　と試作の売り場を見せたところ、弟は浮かない表情で言う。

「何だろな〜、きれいになったんだけど、何か別の世界観ができちゃってる気がするんだよな〜」

作り手の僕には、それが自分の出せる精いっぱいだったので、弟の言っている感じがピンと来なかった。すると、弟が言った。

「そうだ。これ、葬式みたいだよ」

チーン、センベイブラザーズ死亡（爆）。

なんて言っていては洒落にならない。まだまだ死ねない僕らは、なぜそう見えるか、原因を探っていった。陳列棚の木材の白木と、その下に巻いた紫色ののれんが、お葬式の祭壇の雰囲気を醸し出していることに気づいた。

SENBEI BROTHERS
senbei-brothers.jp
SENBEI BROTHERS
SENBEI BROTHERS
SENBEI BROTHERS
SENBEI BROTHERS
SENBEI BROTHERS
SENBEI BROTHERS
SENBEI BROTHERS
SENBEI BROTHERS

新たなVI

となれば、木材の色を変えるしかない。

ということで、ホームセンターに焦げ茶のオイルステインを買いに行き、一気に塗り上げた。そうすると、ブルックリンスタイルのようないい感じに仕上がった。素人の雑な塗り方ではあったが、それが味わいとなって僕らの煎餅にマッチした。

そんな失敗や試行錯誤もありながら、ディスプレイにも徐々に僕らなりの世界観が出来上がっていった。そのときに作ったＶＩツールは今もなお、使い続けている。

難産なほど、愛情と愛着が満載。まるでわが子のように。

狙うはテッペンから。伊勢丹催事出店

センベイブラザーズが始動して1年を迎える晴れの舞台として、「伊勢丹新宿店」に催事出店できることはとても感慨深かった。これもいろいろなご縁とお力添えがあってのことだった。

それと、伊勢丹を目指したのは、早い段階でテッペンを知ることによって、今後の催事活動での大きな武器になるとにらんでいたこともあった。

伊勢丹の催事の前夜、僕らは「青山ファーマーズマーケット」での反省を踏まえ、売り場の設営を行った。再構築したＶＩの世界観を反映したビジュアル重視の売り場のセッティングを済ませ、その日は会場を後にした。

そして翌朝。催事初日にもかかわらず、車の渋滞で遅刻ギリギリの出勤となってしまった。大急ぎで駆け込んでいくと、何やら違和感。売り場を見ると、昨晩一生懸命セッティングした僕らのセッティングの全てが変えられていた。

そして、状況をつかめないでいると、先に入っていた、ベテランの売り子さんに言われた。

「これじゃ、売れません」

「雑貨屋さんではないので、あれもこれも外させてもらいました」

正直、僕の目は笑っていなかっただろう。開店ギリギリということもあり、そんなバタバタの中、初日の営業が開始した。

結果を先に言うなら、そのベテランさんの言うことは完全に正しかった。プロフェッショナルには本当にかなわない。伊勢丹の来客数に対して、僕らの想像力が追いついていなかった。

僕らは、前回の苦渋から、世界観の打ち出しを優先的に行ったが、伊勢丹のお客さんのモチベーションと流入数を考えると、演出のスペースより、商品陳列のスペースが最優先になる。陳列棚に商品が十分に載っていないことには、機会損失は避けられない。

案の定、怒涛の売り場が始まった。人が集まれば、その人が人を呼び、一気に売り場から商品が消えていく。レジも自分たちで回すので、慣れない作業にあたふたし通し。あっという間に一日が終わった。

「なるほど。これが、テッペンか」

帰りの駐車場で一息ついた。腰と足の痛みを感じながら、僕らは自分たちの未熟さをあらためてかみしめていた。

百貨店の催事では、確かにVIも大事な要素ではある。しかし、僕らのような単価の低い商品の場合、レイアウトや陳列、オペレーションまでを無駄なく構築しないと、売上が一定値を超えることはできない。

満を持してのVIで臨んだ伊勢丹催事だったが、新たな課題を突きつけられた初日だった。まあ、そんな始まりだったが、大きな事故もなく、無事に会期を全うすることができ、僕らも一回り成長できたような気がした。

そんな貴重な経験を活かし、その数週間後の「新宿タカシマヤ」での催事も無事に終えることができた。

ルミネ × センベイブラザーズ

クライアントとオリジナル味を共同開発。

新宿での百貨店催事を控えていた頃、新宿駅近くに本社を構えるルミネから商品開発の依頼の問い合わせが入った。

そのときに共同開発した煎餅が、現在、ＪＲ新宿駅新南改札内のNEWoManにある「ココルミネ」での限定商品となっている。

最初のきっかけは、そんな商品開発の話からだったのだが、ルミネでも催事を行える場所があると聞き、商品開発のヒントになることも考え、催事出店も含め、話を進めていった。

共同開発の味は、催事での売上傾向を踏まえながら数種類のプランを出していった。いろいろと検討を重ねた結果、「黒ゴマ七味」というココルミネ限定の商品が完成した。

初めての外部との共同開発は、とても良い学びの経験となった。普段、工場内でジャッジしていた味だったが、第三者の意見を聞くことによって、新たな発見や気づきもあった。ここでの経験が、その後の味の開発の裾野を広げてくれたと言ってもいい。

ルミネでの催事。

そんなきっかけもあり、2015年11月末に、新宿駅南口にある「ルミネ新宿」で催事をさせてもらった。

9月に行った伊勢丹が催事のテッペンだとしたら、ルミネは通行量のテッペンだった。世界一の乗降客数を誇る新宿駅に隣接しているから、それもそのはず。それに、新宿ルミネのお客さんも重なって、半端ない人の通行量だった。

実際、催事前の視察で現場を案内されたときは、一つ前の会期のお店が催事中だった。案の定、すさまじい人の通行量だったが、お店の前には人が立ち止まるスペースもなしに冷凍ケースを置いていた。これだと人の流れがすごすぎて、ゆっくり見てもいられない。僕らのときは、人が立てるように50㎝セットバックして売り場を作り込んだりと、独特な売り場ならではの工夫をいろいろと凝らした。

当時の僕らの催事経験の中では、ルミネが一番会期が長く、一日の営業時間も一番長かった。それも、11月末の寒い中、屋内ではあるが、開けっ放しの入り口に隣接しているため、屋外と変わらない環境。時間的にも環境的にも今までで一番ハードな催事だった。

しかし、頑張ったなりの恩恵も待っていた。一番の通行量、長い会期と営業時間は、実に多くの人への露出につながり、新たなお客さんをはじめ、クライアント、メディアなどたくさんの出会いにつなげることができた。

あらためて、足跡を残すことの大切さを学んだ催事だった。

ルミネ出店の様子

せんべいを、おいしく、かっこよく。が生まれた日

「せんべいを、おいしく、かっこよく。」

僕らが、２０１５年のルミネの催事から発信しているコンセプト。このコンセプトは、立ち上げ当時から掲げていた言葉ではなく、何度となく変化を繰り返し、行き着いた言葉。

僕らがやってきたことは、よくブランド戦略と表現されたりもするが、その中でもコンセプトは最も大事な骨格になる。そんなことを体感してきた僕らの体験談も共有させてもらおう。

センベイブラザーズを立ち上げた当初、前職の職業柄、ブランドのコンセプトを明文化したかった。そこで出てきたのがこの言葉。

「うまく、かっこよく、煎餅を日本の銘菓に。」

前章でも語らせてもらった「脱・煎餅離れ」を願っての言葉だった。日本の米の消費量が年々減っているという背景もあり、このようなコンセプトに行き着いた。

そんなコンセプトのもと、売り場で煎餅を販売していると、その言葉の浮つきぶりに、違和感を覚えてくる。自分は今、目の前のお客さんに、煎餅を食べてもらっている。「日本とか、関係なくね？」と。そこで、コンセプトに修正をかける。

「うまく、かっこよく、煎餅をあなたの銘菓に。」

「日本」を、日々接客する目の前の「あなた」に変えた。僕らが対面しているのは目の前のあなただから。でも、やはり、日々口にしていると、言葉の浮ついた感じがぬぐえない。

そこで思ったのが「銘菓」って何だ？　という疑問。意味はわかるけど、普段全然口にする言葉じゃないし、僕らの煎餅はそもそも銘菓って柄じゃない。

そんな些細な違和感を持ちつつ、日々、自問自答を繰り返していた。しかし、代わりの言葉も見つからないまま、目の前の仕事も増えていき、いったん心の隅に放置しておいた。

そして、ルミネの催事の前日にセッティングに行ったとき、人の通行量の多さを再認識した。この人の波の中で僕らのコンセプトを伝えない手はない。

あらためて自問自答したときに、スルッと舞い降りたのがこの言葉だった。

「せんべいを、おいしく、かっこよく。」

これだ！　僕らのやりたいことは！

興奮冷めやらぬまま、早速、事務所に戻り、速攻で新たな横断幕のデザインを作り、新たなコンセプトを打ち込み、特急便で業者さんに入稿。納品先は、ルミネの売り場に直送。

ルミネの催事2日目、現地に無事届いた横断幕を、弟と二人で売り場に掲げていく。そうすると、早速の手応えがあった。

若い女の子たちが、次々に口にしていくのだ。

「せんべいを、おいしく、かっこよく。だって（笑）」
「せんべいを、おいしく、かっこよく？　ウケる（爆）」

いくら笑われても構わなかった。それは、目に留まり、認識してくれた何よりの証拠。広告の仕事をやってきた経験からも、こんなリアクションほどうれしいものはない。広告や看板を出しても、人の反応をじかに目にすることは基本的にない。目の前で声に出して読んでくれるなんて万々歳だ。

せんべいを、おいしく、かっこよく。の横断幕

そんな僕らのゲリラ的なコンセプトの発信効果は、その後の結果にも十分すぎるほどに表れていた。

他の場所で催事をやっても、ルミネで覚えてくれた人が店頭で足を止め、商品に興味を持ってくれる。その後のメディアからの取材依頼のきっかけにも大きく影響した。

僕らと同じような仕事をしている人たちにも、自分たちのやりたいことを明文化し、発信し続けること強くお勧めしたい。

六本木ヒルズ × センベイブラザーズ

都心への活動の場を広げたことで、メディアでの露出も増え、僕らの名前も多くの人に知ってもらうこととなった。

そして、新たな活動の場を与えてくれる話が増えてきた。声がかかるのは、ファッション、アパレル、ライフスタイルブランド、高級ホテルなど。小さな煎餅工場にはご縁のないクライアントばかり。僕らも信じられなかった。

そんな中、僕らが異例のコラボとして最初に取り組むことになったのが「六本木ヒルズ」だった。

２０１６年3月に、六本木ヒルズのメンズファッションフロアがフルリニューアルするのに合わせ、記念品のノベルティで僕らの煎餅を使いたいというオファーだった。リニューアルで展開するブランドがドメスティックのメンズブランド。僕らセンベイブラザーズもある意味、ドメスティックのメンズブランドとして結びつけてくれたようだ。

担当者さんのセンスに感謝。

そんな流れから、僕らは、たばこケースほどの大きさの箱に煎餅を入れたノベルティを提案した。

箱の表面には、僕らのロゴと有名なメンズブランドのロゴが数多く並び、恐れ多くもかっこいい仕上がりとなった。

話はノベルティだけに収まらず、オープン日、レセプションパーティを行うので、その場で煎餅を振る舞ってほしいとの相談もあった。

そこで、僕はただ単純に煎餅を振る舞っても面白くないと思い、アイデアとして温めていた「センベイカクテル」といった新しいバースタイルのパフォーマンスの提案をさせてもらった。

すると「面白い！　ぜひ！」と快諾。僕らはまた、新たなチャレンジの場をいただいた。

「センベイカクテル」とは、お酒のカクテルのように自分好みの味の煎餅をその場で作り食べてもらうもの。シェイカーの中に素焼きの煎餅を入れて、オリーブオイルと、チーズやバジルなど、お客さんお好みのシーズニング[*1]をかけ、シェイクして仕上げる。

そんなあつらえの一品。

でも、このアイデアを実践するのは初めてで、お客さんに喜んでもらえるかは未知数だった。

レセプションパーティーの当日、僕らは六本木ヒルズの地下駐車場で足止めを食らっていた。担当者の手違いで車両申請が通っていなかったようだ。何とか荷物は入れさせてもらったものの、駐車スペースの確保は難しく、一般の駐車スペースに車を移動した。

駐車場にはきらびやかな、高級外車の数々。ぶつけないように慎重に停車して外に出ると、あらためて感じる六本木ヒルズの重厚感に脇の下から汗がにじみ出てきた。

要塞のような六本木ヒルズの中に入ると、担当者が待っていてくれて、現場まで案内してもらった。

すると、ここでも行き違いがあった。

僕らがお願いしたのは、畳２枚分ほどのいつもの催事スペース。

そこに、いつものように衣装ケースを並べて、催事さながらのカウンターを設置しようと思っていたのだが、すでに黒塗りの立派なテーブルが設置されていた。

そこで担当者にその旨を相談してみた。

「これだと本来のパフォーマンスを発揮できないんで、従来のやり方でやらせてもらってもいいですか？」

そうすると、僕らの資材が載っている台車を見て、けげんな様子で一言、担当者の方は答えた。

「クールなら、いいですよ」


クール……？

その未知数の条件に一瞬ひるんだが、「クール、問題ないです！」と答え、セッティングに取りかかった。

「やべえ、クールに仕上げなくちゃ」

そのやり取りを横で聞いていた弟も目が点。とりあえず、やるだけやっちまおう。

いつもの催事のやり方で衣装ケースを積んで、板を渡してのれんを巻く。養生テープでビリビリと作業を進めていると、明らかに僕らの空間だけが浮いていた。

それもそうである。毛足の長いふかふか絨毯の通路、目の前には70年代のアメリカを彷彿させるようなバーバースタイルのメンズエステショップ。横には誰もが知っている有名メンズブランドのショップ。前を通るのは、全員おしゃれな関係者ばかり。

そう、ここは何度も言うが、あの「六本木ヒルズ」である。

そんな中で、日曜大工さながらに、カウンターを作っている僕ら。いぶかしげな多くの目線が僕らに注がれていた。

カウンターが出来上がる頃には、しわの目立つのれんに「アイロンをかけてきたらよかったなぁ」などと未練を残しながらも、すでに開始10分前。僕らはおもてなしの煎餅の準備に取りかかった。

今回、センベイカクテルの他に、僕らの人気の煎餅も４種類用意して、紙の小皿に分け、セルフでも楽しんでもらえるように配置した。

それと、ここだけの話、センベイカクテルの作り方は、僕は一人練習していたのだが、弟にはやり方を共有するのを忘れていた。

そして、開始5分前。弟にちゃちゃっとやり方をレクチャーし、「オーダーされたら頼むね！」と乱暴な申し渡し。得意の無茶振り発揮である。


そんなこんなでドタバタ劇のようなオープン。すると、シャンパン片手に多くの人が僕らのカウンターに並び始めた。

どんどんなくなっていく小皿の煎餅。

僕らは寿司職人さながらに、煎餅を小皿に入れ、カウンターに並べる作業を何度も何度も繰り返していた。

後から気づいたのだが、その日は、六本木ヒルズのフロア一帯にしょうゆとゴマの香ばしい香りが漂っていたらしい。その香りにつられて多くの人が僕らのカウンターに来てくれていたようだ。

そして、センベイカクテルのオーダーが入ると、弟に即オーダー。さすが僕の弟、初めてとは思えないシェイカーさばきを見事にこなしていた。心底頼りになるヤツ。

センベイカクテルも思った以上に好評だった。

そして、怒涛の勢いで終演を迎えたレセプションパーティー。見たことのあるモデルさんや芸能人も目にしたけれど、僕らは一息つく間もなく幕を閉じた。

そして、片づけも完了し、帰り際、担当者の人に挨拶に行くと、満面の笑みでお礼の言葉をもらった。

「クールでしたか？」と聞くことはさすがにしなかったが、僕らは今までにない達成感を手にして、六本木ヒルズを後にした。


初めてのセンベイカクテルでは、とても多くの方に喜んでもらい、その成果として、その場で新たな出店依頼を受注した。

海外の大手のコンサル会社からの受注。ゲストとして来ていたその会社の社長さんが僕らに声をかけてくれ、受注につながった。


その数カ月後、麻布の「アメリカンクラブ」で開催された世界の大手企業が集うセミナー内で実際に仕事をさせてもらった。多言語の飛び交う、またもや未知の世界。

六本木ヒルズで配布されたノベルティのお煎餅

さらに、僕らはこれまでにない異色の足跡を残すこととなった。

撮影１５０時間のドキュメンタリー取材

２０１６年の初夏、メディアでの露出も増えてきた僕らに、異例ともいうべきテレビ取材のオファーがやってきた。

テレビ東京系列『Crossroad（クロスロード）』という30分のドキュメント番組の密着取材。

僕らにドキュメント取材？　とても信じられない話である。

番組のバックナンバーを見てみると、僕の大好きなミュージシャンや、有名な和菓子職人、偉業を成し遂げている人たちがずらり。もう恐縮どころじゃ済まなかった。番組として成り立つのかさえ、僕らには未知数だった。

しかしながら、事前の入念な打ち合わせを何度も交わし、謹んでお受けすることにした。しかし、お盆前という繁忙期、製造が最も大変な時期の密着取材となった。ただでさえ気温50℃近い工場の熱さと忙しさの中での取材は、製造を担当する弟に大きな負担をかける。

時期をずらしてもらう相談をしてみたが、それではドキュメンタリーにならないらしい。一番忙しいときの頑張っているリアルなシーンを映像に収めたいとのこと。弟の協力と理解を得て、予定通りカメラを入れることになった。

トータル150時間に及んだ密着取材からは、本当にいろんなことを学んだ。テレビでの情報発信。僕らからしたら当たり前のことでも、ワンシーンの中に必要な情報をうまくまとめないと、視聴者には伝わらない。

例えば、釜の火の温度。職人の弟は数値より感覚で覚えている火力。しかしながら、ナレーションに落とし込むには、具体的な数値が必要なのだ。

自分たちの先代のことから、仕事の考え方に至るまで、あらゆることを再認識する場ともなった。意外と自分たちのことがわかっているようでわかってないものである。

僕らは、わかりやすくアウトプットする方法をここでだいぶ学ばせてもらった。

この取材をきっかけに、僕らが使用しているしょうゆ屋さんの製造現場の見学が実現した。僕らの先代からお付き合いのある２００年以上続く老舗のしょうゆ屋さんだ。昔ながらの木桶でしょうゆを作り続けている。

数百年来の役目を終えて、ばらされた木桶のつなぎ目には、当時の木桶職人の名前が刻印してあった。大人の背丈をゆうに越す大きなしょうゆの木桶。木の板を一枚一枚寸分の狂いもなくつなぎ合わせた職人芸の素晴らしさに感動し、長年にわたって承継されてきた家業の歴史を目の前に、僕は背筋の伸びる思いだった。

２カ月にわたる取材は、とても大変なことだったが、取材クルーの方々が本当に頼りになる素晴らしい人たちばかり。本当にいろいろと助けてくれた。業界は違えど、プロの人たちの仕事ぶりは、僕らにとっても毎回良い刺激となっていた。

２０１６年の９月、『クロスロード』は無事放映された。

たくさんの応援の言葉から、同じような家業を持つ人からの相談、その他さまざまな反響があり、僕らの士気をまた一段と高めてくれた。

僕らの煎餅が初の海外へ！

２０１５年の後半は、伊勢丹、高島屋、ルミネ。２０１６年の前半には、渋谷ヒカリエ、丸ビルでの催事を行った。

催事はまるでツアーのようだったが、僕らなりのテストマーケティングでもあった。いろんなお客さんの層が集まる場で僕らの煎餅を販売し、幅広い層で煎餅の可能性を再発見することができた。

催事では、さまざまな出会いがあった。その中でも、印象的な出会いを一つ共有させてもらう。

２０１６年2月、バレンタインのイベントで、僕らは丸ビルの催事会場にいた。チョコレートのお店ばかりが並ぶ中での出店ではあったが、甘いものが苦手な男性への贈りものとして、僕らの煎餅も好評だった。

そんなある日、印象に残るお客さんが現れた。ぱっと見た感じでは、海外のセレブ層のご夫婦。奥さんは、店頭で試食の煎餅を食べてくれて、いろいろと買っていってくれた。

旦那さんは、店頭から一歩後ろに下がって、たまに奥さんが渡す試食をわずかながらにかじっていた。ダブルのスーツが包む熱い胸板と、斜めにかぶったテンガロンハットと朝黒い肌。テレビで見たK－1選手のような印象。

その日は、それ以上のことはなく、催事の一コマとして、数日後には思い出すこともなかった。

しかし、数カ月後のある日曜の朝、見知らぬアイコンから、フェイスブックのメッセンジャーにメッセージが入る。寝ぼけまなこでよくよくアイコンを見てびっくり！あのK－1選手からだった。

もちろんＫ－１選手ではない。世界を股にかけるマレーシアの実業家だった。ググってみると、ニュースサイトに載っていたり、政府関係とのつながりもあるらしく、普通の実業家ではないことがわかった。

メッセージの内容はこうだ。

「この前、お店で売っていたキミたちの『ライスクラッカー』を『海外で』売ってみないか？」

一気に目が覚めた。僕らの「ライスクラッカー」を「海外で」だって？

さて、どこから始めよう。

まずは、興味がある旨をすぐに返信。そして、英語が話せる前職からの友人を頼りに、日本での商談をセッティング。友人のサポートもあり、同じ年の秋頃、マレーシアの食の祭典への出展と、百貨店での催事販売が決まった。

やりとりは全てメール。グーグル翻訳を頼りに、発注まで何とかこじつけたが、一番の悩みどころとなったのが、海外への発送である。さて、どうしたものか？　いろいろと調べてみるが、正直よくわからない。困り果てていると、僕らの先代がまた導いてくれた。

だいぶ昔になるが、3代目の叔父さんも海外へ煎餅の出荷を行っていた時期があったことがわかった。そのときお世話になっていた方に何とか連絡を取ることができ、相談してみると、とても丁寧にサポートをしていただいた。無事、センベイブラザーズ初の海外出荷が実現した。

もうこの方に、ただ深く感謝。そして先代に感謝である。

催事というのは、本当に未知数の広がりと出会いを引き寄せてくれるものだ。

星のや東京 × センベイブラザーズ

僕が家業を継ぎ、センベイブラザーズを始動した頃、ニュースサイトでとある記事を目にしていた。

〝2016年「星のや東京」が大手町にオープン〟

星野リゾートは個人的にも好きで、よく記事を目にしていた。２０２０年の東京オリンピックに向けての開業のようだ。

僕らも、こういった先駆的企業とのコラボとして、旅館＋煎餅の形で何か一緒に取り組めたらいいなぁと妄想を描いていた。

しかし、倒産寸前の煎餅工場と、リゾート業界のパイオニア「星野リゾート」である。草野球選手がイチローと一緒に野球をしたいと思い描くくらいに、明らかに現実味のない妄想だった。

しかし、２年後に、それが実現するなんて、世の中わからないものである。

それは突然やってきた。僕らのドキュメンタリーを放映してくれた『クロスロード』がきっかけだった。

放送日の夜中、トイレに目を覚まし、スマホに届いたメール。

「星のや東京」総支配人からの問い合わせメールだった。

一気に目が覚める。メールの内容を読み進める。僕らの煎餅に対する取り組みを、『クロスロード』で見たという。そこに、星野リゾートの取り組み姿勢との共通点を見出してくれたようで、何と、「星のや東京」で僕らの煎餅の取り扱いを検討したいということだった。

僕は叫びたい衝動を抑えながら、深夜のトイレで返信のメールを叩いた。

そこからは、トントン拍子に話が進んだ。総支配人の方と窓口の方には本当にお世話になり、僕らの仕事の場も広がることになった。

最初はスモールスタートだったが、徐々に取り扱い量も増え、今では、僕らの揺るぎないクライアントの一社となった。

総支配人のフランクさと、より良いものを追求される姿勢に、僕らはたくさんの刺激と学びの機会を得ることになった。

取引が始まり、半年ほどたった頃、1年の振り返りを行い、今後のための新作開発の課題をいただいた。

お題は「もっとすごいお煎餅」。

とても大きなスケールのお題に、弟もたじろいだ。

そこで、いろいろな素材を取り寄せたり、試作した。開発期間として約束した3カ月を1カ月過ぎてしまったが、僕らの提案通り、4種の新作が採用された。心底うれしい瞬間だった。

期待値へのプレッシャーが半端なかったが、これまでの厚意に恩返しするしかない。この4カ月は、期待値を超えるべく弟と取り組んだ密度の濃い開発期間だった。

一流の方との仕事は、僕らをさらに成長させてくれる。

通販サイトパンク。3千件超えの注文

2016年1月の初出店以降、僕らの東京での催事出店は「渋谷ヒカリエ」がメインとなっていった。理由は二つあった。

オリジナルのギフトボックス

オリジナルのパッケージ

・来店されるお客様層と商材のマッチングが良い
・煎餅の運搬が毎日社用車で行える

催事へのお誘いは数多くあったのだが、まだまだ企業体力の整っていない僕らだった。テストマーケティングとしての催事経験を経て得た感触を頼りに、選択と集中を行い、活動範囲を絞り込んでいった。

そして、メディアでの露出も増えていったため、メディアで見た人が買いに来やすいように渋谷ヒカリエでの出店が通例となっていった。

そんな運用を繰り返していたところ、僕らにとって想定外の出来事が起きる。

事のきっかけは『シューイチ』という日曜の朝に放映しているテレビ番組での紹介だった。

情報番組の反響は、何度か経験していたため、『シューイチ』も同じくらいの反響だろうと想像していた。取材がサクッと数時間で終わったこともあり、僕らは甘く見ていた。取材時間と番組の影響は比例するわけはないのだが、僕らはブルーワーカー。体を動かした時間に価値を置くところがあった。

２０１６年10月末、渋谷ヒカリエの催事期間中だった僕らは、渋谷に向かう車の中で『シューイチ』を見た。

『シューイチ』を見終わり、再出発。素敵に紹介してくれたことを弟と話題にしながら、僕は通販サイトの反応が気になり、スマホを確認した。すると、受注メールの数が56件で止まっている。

「そっか、やはり、日曜の朝だし、誰も見てないよなー」

「ヒカリエで真面目に売らないとなー」

そんな軽い気持ちで渋谷ヒカリエの売り場に入った。そして、お店が開店した瞬間、想定外の光景に目を奪われた。

渋谷ヒカリエの催事売り場は「フードステージ」と呼ばれる円型の売り場となっていて、その3分の1のショーケースを僕らは毎回借りていた。しかし、その日はクリスマスシーズン前ということもあり、借りていたのはいつもの半分のスペースだった。

その売場に、開店と同時に大勢の人が並び、フードステージの周りは、蛇がとぐろを巻くかのような渦巻き状の行列に取り巻かれてしまった。『シューイチ』の反響、恐るべし。

その行列は夜7時くらいまで途切れることなく続き、会期中の他の日も、ショーケースがカラになる完売状態が続いた。

長い時間並んでくれた方や、せっかく来てくれたのに煎餅を買えなかった方々が大勢いた。この場を借りて深くお詫び申し上げたい。

そして、もう一つお詫びしなければいけないのが〝通販サイト〟のお客さんである。

朝の『シューイチ』放送後に確認した通販サイトの受注メール数が56件で止まって

いたのは、通販サイトが過剰なアクセス集中でパンクしていたのだ。
実際の受注数を通販サイトの管理画面で確認すると、3千件超えの注文が入っていた。中には、サーバーがパンクしてしまったため、注文完了までいかなかったといった連絡が百件ほどあった。

催事終了後、3千件を超える注文と、たくさんのお問い合わせの対応にかかりきりの数カ月となったが、その後の運用改善の大いなる機会につながった。
それと、テレビの影響が大きいが、『シューイチ』が放送された日、渋谷ヒカリエの催事での日商売上の最高記録を、何と僕らが更新したのだった。

東京都心のキラキラした売り場で、下町の町工場が確かな実績を挙げることができた。これ以上ない足跡を残せたことに、僕らはおおいに喜びをかみしめた。

渋谷ヒカリエ店頭

渋谷ヒカリエ、完売でショーケースはカラ

JUNRed × センベイブラザーズ

ルミネ、六本木ヒルズ、星のや東京に続き、僕らが一緒にお仕事することになったのが「JUNRed」だ。

人気のファッションブランドを多数手がける「株式会社JUN」のヤング層向けブランド。僕がよく聴くラジオのスポンサーになっていたり、他社ブランドやアーティストさんとの多数のコラボを実現しているブランドで、お話をいただいたときは、とてもうれしかった。

最初は「JUNRed」の新店舗オープンのノベルティとして、僕らとのダブルネームで煎餅を作った。とても高い評価を受け、さらに新たな企画商品の提案機会をいただいた。

今度は販売用の商品開発。新たな取り組みとして、アーティストの神山隆二さんに、〝Senbei Brothers × JUNRed〟のロゴをデザインしていただいた。光栄の限り。

そして、センベイブラザーズの従来のパッケージに新たなロゴを印刷して、また一味違ったパッケージの商品が出来上がった。アパレルでよく目にする別注モデルといった雰囲気。

商品開発にとどまらず、シーズンの変わり目に開催される展示会でも、僕らのブースを展開するというお披露目の場をいただいた。

この場でも、試食のお煎餅を用意しておもてなし。大勢のファッション関係者が招かれる展示会で、僕らにとっても貴重なＰＲの場となり、それが後のメディア掲載にも多くつながった。

展示会には、多くのブランドが出展されていて、ファッションのみならず、食と住の領域にも積極的に展開していた。ファッションブランドからライフスタイルブランドへと昇華されていく流れが、僕らの煎餅にとっても、新たな追い風になっている気がした。

ファッション業界にいる感度の高い方たちとの仕事からは、いろんな刺激と恩恵をいただいた。リリース用の媒体にも僕らの記事が多数掲載され、素敵な写真もたくさん撮ってもらった。

この本の表紙にある僕らの写真も、そのとき撮影してもらったものだ。高級インテリアの写真を手がけるフォトグラファーのテクニックには脱帽。撮影の現場作りもさることながら、僕らの素の表情を見事に切り取ってくれた。好きな写真の一枚だ。

数年前には想像さえもしなかった、異業種とのコラボレーションの数々。こうした新しい機会が、下町の倒産寸前の町工場の煎餅をさらなるステージに引き上げてくれた。

現在も、各方面からさまざまな取り組みのお話をいただく。いろんなトライを重ね、僕らの煎餅を使って、クライアントの価値を高めることに貢献していきたい。

目指すは、せんべいを、おいしく、かっこよく。

Senbei Brothers × JUNRed の別注パッケージ

機械壊れる。ピンチを救った奥の手

僕らの工場の煎餅を作る機械は、創業期からのものを使い続けている。人に例えるならば、50歳半ばを過ぎたベテラン職人といったところ。そして、長年の経年劣化もあり、ちょこちょこと動かなくなるときがある。

倒産寸前の町工場に、修繕積立などの余力はなく、チェーンがはずれたときなど直せるものは、弟が器用に直してくれた。パートさんが使うパックの機械なども、動かなくなると全ては弟頼み。

煎餅の職人でもあり、僕らの工場のエンジニア担当。頼りになるハイブリッド職人だ。

そんな弟の器量によりかかりつつも、50年超の機械で煎餅を作り続けていたのだが、センベイブラザーズの生産量が増加するにつれ、機械も悲鳴を上げるようになってきた。

そして、大きなトラブルが発生する。

2016年の夏頃、ちょうど、メディアの露出が増え、製造量も比例して増えていった頃、「自動味付機」が壊れてしまった。これは、現場を震撼させた。

自動味付機とは、煎餅のしょうゆづけを自動的にやってくれる機械。素焼きの煎餅が入ったカゴが、しょうゆのたっぷり入ったタンクにつけられ、引き上げられると同時に、カゴが脱水機のように高速回転して余分なしょうゆを振り切り、乾燥機に送り込む。

僕らの煎餅は、しょうゆ煎餅をベースとした商品が大半を占める。自動味付機が使えないとなると、生産量が壊滅的に落ちてしまう。

例えるなら、山盛りの洗濯物を前に、全自動の洗濯機が壊れ、洗濯板での対応を迫られるような感じと言ったらいいだろうか。

そして、自動味付機は数千万円にもなる高価な機械。当時の僕らには買い替える財力はなかった。

それでも、僕らは煎餅を作り続けなければならない。

取り急ぎしょうゆづけは手動に切り替え、一時的に凌いだ。その間、壊れてしまった可動部を機械屋さんに溶接で直してもらったが、今度はモーターに負荷がかかり、しょうゆの入ったタンクが上がらなくなってしまった。

そこは機械屋さんの修理ができる箇所ではなかったため、モーターの負荷を減らすべく、作用点の反対側にダンベルを何個もぶら下げ、タンクが持ち上がるように応急処置をした。しかし、モーターが熱を持ち出すと馬力不足となり、タンクが上がってくれない。結果、弟がそこは手で上げることとなった。弟が工場内を走る量も自然と増えていく。

ましてや、連日のように真夏日が続いていたその年の夏。工場内の日中平均気温は50℃近い。製造を一人で担っていた弟にさらなる負荷がのしかかる。

このままだと、弟が壊れてしまう……。

皮肉なものである。あれだけ渇望していた注文が増え続けているというのに、煎餅が作れなくなってしまう。試練はいったい何度訪れれば気が済むのだろうか。

弟を犠牲にしてまで商売を続ける気持ちは、経営者としても兄としてもなかった。お客さんにお詫びするしかないのかと最悪の手段も考えた。

年末一番の繁忙期に至っては、絶対に乗り越えられない状況。どうしたものかと頭を抱えていると、年末の予定を思い出した。それが、「ものづくり補助金[*2]」。

僕は、センベイブラザーズを立ち上げた頃、お金がなかった工場への資金サポートの一つとして、国の補助金制度に目をつけ、「ものづくり補助金」の申請を行っていた。幸運にも採択してもらい、年末には別の製造機械の導入を予定していたのだ。

しかし、今必要なのは、その機械よりも自動味付機。それは明らかだった。

もう破れかぶれである、ダメもとで「ものづくり補助金」の担当者に、製造現場の現状を伝え、今回のサポートを壊れてしまった自動味付機に変更してもらえないか、懇願の思いで相談した。

すると、ギリギリのタイミングで変更申請が通った。間一髪で命拾いした思い。

「よかった。煎餅を作り続けられる」

その変更申請には、窓口の担当者の方のご理解とご尽力もあり実現した。僕らにはたくさんの恩人がいる。

そんなドタバタの経緯をたどりながら、その年の11月に、新たな自動味付機が導入された。一見、変わり映えしないが、工場の中では、日々いろんなドラマが巻き起こっている。ボロボロに見える建物も、傷んだ機械の傷跡も、僕ら町工場の勲章。そこには、転んでもただでは起きない町工場の職人たちの思いが息づいている。

引退した自動味付機

僕らのメディアとの付き合い方

僕らはわずか数年で、テレビ、雑誌、ラジオ、ウェブサイトなど、たくさんのメディアに紹介してもらった。メディアで紹介されることは、賛否両論あるし、弊害もないとは言い切れない。しかし、僕らをここまで押し上げてくれたメディアの方々にはとても感謝している。

〝金なし、時間なし、経験なし〟から始まった僕らだから、使えるものは何でも使うしかなかった。その代わり、僕らに差し伸べられた手には、毎回精いっぱいの力で握り返した。

初めて、テレビ取材のオファーがあったとき、取材を受けることに対して、母ちゃん、弟、そして従業員からも懸念の声が上がった。その一つは羞恥心だった。

現状、僕らは全てをさらけ出しているが、人様に自慢できるような工場でもないし、やっていることも、まだまだ汗と砂にまみれているような状態。そんな姿が全国ネットに載ってさらされることに躊躇するのは当然の反応。

でも、崖っぷちの僕らに、そんな羞恥心は必要ない。恥ずかしい過去だろうが、ボロボロの工場だろうが、使えるものは何でも使ってやる。そこに価値を感じてくれる人がいるのなら、最大限にその期待に応えたい。

そんな心持ちをみんなに伝え、何とか理解してもらった。

メディアの露出は、全てが初めての経験で、慣れないことばかり。仕事も増えるし、忙しさも増していった。でも、その時々の頑張りが、全て今につながっている。何でもトライしてみるものだ。

多くのメディア出演の中でも、とても印象的なのが、久米宏さんのラジオ番組だ。2017年9月『久米宏 ラジオなんですけど』（TBSラジオ）の生出演ゲストとして僕らは呼ばれた。

僕の中では、久米さんといえば『ザ・ベストテン』や『ニュースステーション』の印象があったが、それ以上のことは知らなかった。タイミングよく久米さんの著書が発売されたため、これまでの軌跡を読ませてもらった。

「何てパンクな人なんだ。かっけー！」

率直な感想だった。当たり前に見ていた名番組の紆余曲折や、出来上がるまでの背景は一筋縄ではいかず、実にドラマチックだった。そして、自分にしかできないことをやってやる、といった久米さんの意気込みが数々の伝説を残していったことに深くうなずいた。

とても恐れ多いが、久米さんのそんな姿勢に、僕らが煎餅に対して持っている心持ちと同じような熱量を感じ、とても勇気をもらった。

そんな久米さんの胸を借りる気持ちで臨んだ番組本番。久米さんの事前の緻密な準備と絶妙な進行により、センベイブラザーズをとてもおいしくいじってもらえた。

おかげさまで番組は盛り上がり、後の反響に大きくつながった。正直、ラジオメディアでここまで反響があったのは初めてだった。

ネットからの接点が大半を占める僕らの煎餅だが、久米さんのラジオのおかげで、普段ネットに触れない層のお客さんと新たなつながりを持つことができた。

メディア実績

テレビ

2016 年 02 月：テレビ東京系放送「L4YOU!」
2016 年 06 月：テレビ東京「ワールドビジネスサテライト」
2016 年 06 月：TBS「N スタ」
2016 年 06 月：テレビ東京「モーニングチャージ」
2016 年 08 月：テレビ東京「クロスロード」
2016 年 09 月：テレビ朝日「じゅん散歩 」
2016 年 10 月：日本テレビ「シューイチ 」
2017 年 01 月：TBS「王様のブランチ」
2017 年 09 月：テレビ東京系列「出没！アド街ック天国」
2017 年 11 月：TOKYO MX 系列「TOKYO MX NEWS」
2017 年 12 月：テレビ東京系列「ココロのエンジン」

ラジオ

2015 年 02 月：FM 江戸川「あしたへ…笑顔・りんりん」
2015 年 12 月：J-Wave 81.3FM「POP UP」
2016 年 05 月：NHK ラジオ第 1 「ごごラジ！」
2016 年 11 月：文化放送「吉田照美 飛べサルバドール」
2016 年 12 月：TOKYO FM 中西哲生のクロノス
2017 年 01 月：J-WAVE 81.3FM「-JK RADIO- TOKYO UNITED」
2017 年 06 月：J-WAVE「WONDER VISION」
2017 年 08 月：TOKYO FM ブリアサヴァランの食卓
2017 年 09 月：TBS ラジオ「久米宏 ラジオなんですけど」

雑誌・新聞

2015 年 03 月：地域密着型フリーペーパー「ぱど」
2015 年 06 月：産経リビング新聞
2015 年 06 月：大江戸リビング
2015 年 07 月：nice things. 9 月号
2016 年 03 月：ソトコト 4 月号
2016 年 04 月：OCEANS 6 月号
2016 年 10 月：ELLE a table no.88
2016 年 10 月：OZ magazine NEXTAGE 2016-2017 年版
2016 年 11 月：VOGUE Wedding vol.9
2016 年 12 月：日経 TRENDY 2017 年 1 月号
2016 年 12 月：GINZA NO.201701
2017 年 01 月：InRed 2017 年 3 月号
2017 年 01 月：saita 2017 年 3 月号
2017 年 04 月：リンネル 2017 年 6 月号
2017 年 06 月：Begin 2017 年 6 月号
2017 年 06 月：ELLE mariage no.30
2017 年 07 月：andGIRL 7 月号
2017 年 09 月：Fine 10 月号
2017 年 11 月：CREA 12 月号
2018 年 01 月：JJ 3 月号

反響の大きさから、久米さんとファンの方とのつながりの強さをあらためて感じた。僕らも、長くお付き合いができるファンをたくさん作っていきたい。

デパ地下日本一で自己最高記録更新！

僕らにとって新たなチャンスがやってきた。関西進出である。

「Made in Tokyo」としてやってきた僕らの煎餅も、ネットやメディアの情報に乗り、関東圏外の方からの注文や問い合わせが増えてきた。僕らの煎餅をもっと多くの人に届けたいと日々思っていたところ、関西での催事のお誘いがあった。

2017年4月、初の関西進出は、京都に決まった。「ジェイアール京都伊勢丹」ではちょうど売り場のフルリニューアルを数年後に控えていたらしく、新たな商材の一つとして僕らも目をつけてもらい、催事出店の機会を得た。

京都は中学生の修学旅行以来の訪問。数々の歴史ある和菓子が集まる都だ。半世紀足らずの僕らのやんちゃな煎餅がどこまで勝負できるか未知数だったけれど、東京の和菓子の小さな看板を背負い、お邪魔させてもらった。

手応えは好感触。同じ煎餅といっても西の方はおかきが多く、僕らの煎餅はまた別のポジションに立つことができた。それにしても人が多い。地元の方をはじめ、観光客、海外の方まで、多くのお客さんがお店に訪れてくれた。

商品の売れ行きに、関東とは多少傾向が違った部分があり、とても勉強になった。山椒などの薬味系の立ち位置も関東とは異なる点があり、その後の新たな商品開発のきっかけにもつながった。


京都に続く関西2発目は大阪。僕は生まれて初めて訪れる土地に戦々恐々。しかし、それ以前に、僕らの経験値の浅さが露呈する。

「阪急うめだ本店」のデパ地下が、日本一の売上高を誇るということは、催事をやって初めてわかったこと。

京都と同じくらいの在庫量で臨んだ催事初日、想定の3日分の商品が何と1日でなくなってしまった。工場に連絡し、軌道修正。可能な限り最大限の商品出荷を手配した。現場では荷さばき所と売り場を何度となく走り、売り場から商品がなくなってしまわないように綱渡り状態でどうにか凌いだ。

大阪のお客さんには、だいぶごひいきに預かり、僕らの過去最高の売上を出すことができた。阪急うめだ本店、恐るべし。

そして、そんな良い足跡を残せたこともあり、２０１８年２月、再度出店の機会をいただいた。しかも、今回は最も集客のある一番良い売り場だった。つまり、日本一のデパ地下の一番の売り場。


その一番の売り場で、どれだけのことを僕らはできるのか。できる限りの準備と、最大級のプレッシャーを背負いながら、二度目の阪急うめだ本店の催事に臨んだ。

結果、前回の記録を上回る結果を残すことができた。またも、自己最高記録更新！

しかしながら、あらゆることに最大限で臨んだ反面、僕らの限界もリアルに見えた催事でもあった。もっと上を目指すには、さらなる創意工夫が必要だ。まだまだやるべきことはたくさんある。センベイブラザーズ、前進あるのみ。

阪急うめだ出店初回店頭

阪急うめだ出店2回目の店頭

第4章 継承

想いが結んだキセキ

亡き妻に、楽しみだった煎餅を

センベイブラザーズを始動してから半年も経たない頃にさかのぼるが、日中、僕の不在時に、男性のお客さんの来店があった。しかし、商品の準備が整わず、ご希望の商品をお渡しすることができなかったようだ。

その日の夜は、亡くなった奥様のお通夜だという。そのため、お手伝いをしてもらう方に、僕らの煎餅を渡したいとのこと。奥様の療養中、旦那さんが手土産にしていた僕らの煎餅を、奥様はとてもおいしいと毎回楽しみにしてくれていたというのだ。社に戻り、そんな話を聞いた僕の中を、今までにない感情が駆け巡った。療養中でおそらく食事制限もある中、僕らの煎餅を楽しみにしてくれていた奥様。そして亡き奥様の思いをくんで来店してくれた旦那さん。

僕は、何としても旦那さんに僕らの煎餅を届けたくなった。しかし、連絡先も名前もわからず、確認できたのは、今日、近くの町の葬儀場でお通夜をすること。あとは奥様が亡くなられた日にちだけ。

ダメもとで、いくつかの葬儀場に電話をかけてみた。しかし、確かな手がかりはつかめない。諦めるしかないのか。葬儀屋場に事の経緯と僕の携帯番号を伝え、仕事を再開。そして机に戻ると、知らない携帯からの不在着信のアラート。

しかし、何度コールしても、電話はつながらなかった。わずかな可能性を信じて、ここだと思える葬儀場に向かった。

葬儀場に着いたものの、煎餅の紙袋を両手に作業着姿で立っている僕は、場違い以外の何者でもない。お通夜が終わるのを待っていると、通りかかった参列者の方の一人から「センベイブラザーズさん、なぜ、ここに？」と声がかかる。

偶然にも、僕らのお客さんが、亡くなった奥様のお友達だった。そして、その方のおかげで旦那さんと連絡を取ることができ、無事、ご希望の品をお届けすることができた。

たかが煎餅だけれど、人の気持ちに残り、その気持ちがまた人に伝播し、人と人をつないでくれる。僕は煎餅屋で本当に良かったとあらためて感じた。そんなふうに人をつなぐ煎餅をもっともっと作りたいと思った。

それ以来、旦那さんとお子さんは、よくお店に足を運んでくれる。そして奥様の法事には毎回僕らの煎餅を使っていただいている。

大切な人への想いや、思い出は永遠に生き続ける。

亡き親父の親友との巡り会い

2018年1月、新年を迎えて間もない頃、印象的な問い合わせが入った。名前は仮名とさせてもらうが、以下がその内容だ。

＊

はじめまして、石川崇と申します。

僕の父、石川鉄平は、笠原様のお父様と、確か高校時代からの親友だったそうです。

昨日実家に帰ったところ、父から笠原さんとの学生時代の話、もう亡くなってしまわれたこと、そして先日ラジオで笠原さんの息子さんがセンベイブラザーズとして有名になってらっしゃるということを偶然耳にし、鳥肌が立つほど感動した、という話を聞きました。

実は私、２月17日に結婚します。38歳になるのですが、それまで親孝行らしい親孝行をしてあげたことがなかったので、そのときの引き出物としてセンベイブラザーズの煎餅をと思ったのですが、予約待ち状態でなかなか手に入らないことを知り、どうすれば購入できるか、お問い合わせさせていただいた次第です。

ぜひ、父ならびに結婚式に来るみんなに食べさせてあげたいです。どうにかお願いできませんでしょうか。

突然不躾なお願い、本当に申し訳ございません。

＊

鳥肌が立ったのは僕らの方だった。生前、親父の学生時代の話といえば、ヤクザとケンカしたことくらいしか、耳にしたことがなかった。

生前の親父を知る人物、それも、母ちゃんさえも知らない学生時代の親父を知る人物に巡り会うことができた。何というサプライズ！

その後、煎餅をしっかり納品すると、お父様がわざわざ工場にお礼に来てくれた。僕はそのとき、大阪催事の真っ只中。直接お会いすることはできなかったのだが、母ちゃんは、親父の若き頃の昔話をたくさん聞かせてもらったようだ。

大阪の催事から戻って、そのときのことを意気揚々と話す母ちゃんは、10歳くらいは若返ったように見えた。親父と連れ添った時間は苦労することの方が多かった母ちゃん。若かりし頃の親父の話を初めて聞いた母ちゃんは、親父と出会った頃の一番キラキラしていた時間を思い出していたのかもしれない。

これも、煎餅がつないでくれたマジック。日々、体の衰えを愚痴る母ちゃんが若返るのを見られるのも、僕らにとってはうれしいご褒美。

そして、親父の親友と息子さんに感謝。

遺されたものに宿る、先代の魂

人に歴史あり。家業を継ぐと、その言葉を深く実感する。

僕らの先代たちは、みんな太く短く人生を全うしていった。創業60年弱の町工場だが、僕らがすでに4代目を継いでいる。よく言えば、新陳代謝の良い会社だ。

そんな背景もあり、僕も弟も先代たちと共にした時間がわずかしかなく、思い出すことも数えるくらいしかない。しかしながら、家業を継いでみると、遺されたものから先代たちのことを知ることとなる。

それは、まるでタイムマシンのようで、事業承継ならではのマジック。人やものにまつわる話を聞くと、亡き人の生前の姿が心の中で生き続けるようで、二度と会えない切なさを和らげてくれる。

そんなエピソードの一つを紹介。創業者のじいちゃんの話だ。

創業当時、煎餅を焼く作業は手作業が主流だったが、煎餅が普及してくるにつれて、便利な機械がどんどんできてきた。そんなある日、名古屋にある機械屋さんが、新しい機械の営業に来た。

後にその会社の方に聞いた話なのだが、その日は、満を持して開発した新しい機械の初めての出張営業。渾身の期待を胸に、関東の各地を回ったようだ。しかし、当時誰も見たことのない、価格も高価な新しい機械。数十件回った営業先では成果が得られず、苦労を強いられていた。

今までにない機械の開発は、一発当たればでかいが、当たらなかった場合のリスクもでかい。機械屋さんの開発は、設計から材料、組み立て費まで、相当な投資コストがかかっている。社をかけての必死の営業が続いた。

手応えのない営業活動に心が折れそうになりながらも、最後にじいちゃんのところに行きついた。いろいろと説明をするとその倍の質問が返ってきて、じいちゃんはとても興味を持ったらしい。

そして、ものの1時間ほどの商談で、じいちゃんは発注を決めた。

機械屋さんにとっても、記念すべき受注第1号となった。

機械屋さんいわく、その受注にとても救われたという。自分たちが難産の末に生み出した機械への期待が確信に変わり、その後の営業活動においても、多くの受注につながったことを教えてくれた。じいちゃんにはとても感謝していると。

じいちゃんのきっぷの良さにも驚いたが、機械屋さんの未来を切り開くきっかけに起因した事実が、僕にはうれしかった。そして、その機械屋さんは、数十年たった今でも僕らに力を貸してくれる。

じいちゃんが導入した機械というのが、前章で記した「自動味付機」。50年来の働きを終えて引退していった。

そんなエピソードも耳にしていたので、自動味付機の引退のときは、機械の長年の働きへのねぎらいと、じいちゃんへの敬意を込めて、最後の姿を見送った。

町工場、なめんな！

家業である町工場の歴史を振り返ると、下請けの厳しさや、悔しさといったものがいやが応でも耳に入ってくる。

センベイブラザーズを始めるまでは、煎餅の受注生産卸がメインの仕事だった。さまざまなクライアントを相手に、数多くの煎餅を作って卸してきた。しかし、時代の流れから、煎餅の売り場も減っていき、自然と受注量も減っていった。

そんな中、わずかながらの仕事でも丁寧に一生懸命やっていると、売上が伸びていく商品もあった。うまい煎餅を作り続けていれば、いつかは報われるはずだ。そんなかすかな希望を糧に、毎日同じ作業を繰り返していく。

でも、しょせん下請け。理不尽なしわ寄せが、ある日突然襲ってくるのである。売上も伸びていた商品の製造がいきなり打ち切りになった。

これからはうちの工場ではなく、他の工場で作るという。

理由は、冷酷なまでにシンプル。工場の衛生管理設備が、ガイドラインの基準にわずかながら届かないということだった。しかも、その決定は、僕ら下請けの、上の上のさらに上の発注元の大企業の決定だった。雲の上の決定に、僕らは意思表示することさえできない。

正直、僕らの工場は古いし、設備も古い。しかし、長年大きな事故もなく、煎餅を作り続けてきた実績がある。僕らの煎餅が売れているという実績もある。しかし、僕らにできていることではなく、できないことに基準を置いて判断が下されるのだ。

確かに、ネットやSNSの普及によって、リスク管理の重要性は理解できる。でも、それがあまりに過剰で、本質を見失ってはいないかと思う。

例えば、
・衛生管理：Aランク　煎餅のおいしさ：Bランク
・衛生管理：Bランク　煎餅のおいしさ：Aランク

あなたはどちらを選び、どちらを食べた方が満足できるだろうか？

もちろん、両方Aランクが望ましいのは間違いないだろう。しかし、煎餅が主役である以上、煎餅のおいしさに基準を置いてほしいと思うのが、僕ら作り手側の本音なのだ。

だが、そんな悔しさも、センベイブラザーズを始めて、自分の心の持ちようが変わっていった。

いいものを作り続けているうち、本質だけを見てくれる人が現れたからだ。できていないことがあっても、他に負けないくらいに輝くものがあれば、足りない部分はフォローし、引き上げてくれる。

そんな人たちに、僕ら兄弟はたくさん救われ、報われた。継続は力なりである。

下請けの悔しさを思い出すこともなくなってきた頃、一件の問い合わせが入った。

数年前、僕らの仕事を打ち切った、あの大元の大企業からだった。

「御社の商品に大変興味があります。一度、商談の機会を設けさせていただけないでしょうか？」

「町工場、なめんな！」である。

一番のファンは自分である

約４年弱のセンベイブラザーズの活動を振り返ってみると、僕らの煎餅の一番のファンは僕自身だったと思う。

自分が本当に欲しいものを追求し、作っていった結果、いつしか僕自身が一番のヘビーユーザーになっていた。いつでも煎餅をカバンに忍ばせているし、いろんなシーンで活用しているから、たくさんの気づきや、改善案も自然と浮かんでくる。

仕事になると、マーケティングだとか、商品開発とか、ブランディングとか、いろんな専門用語が出てきてややこしくなりがちだけれど、自分が本当に欲しいものを作って、それを自らガンガン使って体感することが大切なことだと思う。

方法論に乗ってできることも多々あるけれど、それは他の人にもできることだし、自分だけの感覚に正直になることも、ときには大事なんじゃないだろうか。

これだけ、情報やものがあふれていると、目に見えるものだけで判断しがちだけれど、触れないと感じられない感覚はたくさんある。

「おいしい、かっこいい」に理由はないし、感じるもの。

弟の職人技術にも同じことが言える。弟に技術的なことを聞くと、わかる範囲で説明してくれるが、話を突き詰めていくと、結局のところ、感覚に行き着く。ＡＩやロボットのニュースでにぎわう最近だけれど、僕ら人間しかできないことがまだまだたくさんあるはず。

僕らのような町工場は、時代の流れや機械の進歩によって生きづらい時代になってきてしまったけれど、ＡＩにも機械にもできないことが一つある。

それは、「楽しむこと」。

楽しむことは、この先も人にしか与えられない能力。そして、楽しむことによって生まれる「笑顔」は、ＡＩが足もとにも及ばぬ計り知れないパワーを秘めている。

催事で煎餅が売れなかったとき、弟に言われて気づいたことがある。お客さんが全然来てくれなくて、自然と顔がこわばっていたらしい。

「兄貴。顔、怖ぇ〜よ」

お客さんを笑顔にしたい煎餅なのに、笑顔がない人が販売していても説得力はない。笑顔のない重い雰囲気が、お客さんを遠ざけていたという始末。そのときは、開き直って、横で売っていた缶ビールをあおり、仕事スイッチをオフにしたら、自然とお客さんが集まってきてくれた。リラックスするって本当に大事。

僕らの家業は、お金がなくて困ったことは何度もあったけれど、「笑顔」がなくなったことは一度もなかった。それに「笑顔」にお金はかからない。もっと自分を後押しするエネルギーが必要なときは、地球にもお財布にも優しい自然エネルギーの「笑顔」をガンガン使うことをお勧めしたい。

うちの母ちゃんは、たくさん苦労を経験してきたけれど、よく笑う。眉間のしわより目尻の笑いじわが半端ない。こんなことを言ったら怒られるが、そんな歳の重ね方を僕も目指したいと思っている。

一番のファンは自分。それは自分が一番楽しむってこと。仕事は楽しんだ者勝ち。楽しんでいれば自然に笑顔が湧き、明るい未来へと導いてくれる。

「笑う門に福来たる」ってやつ。

親父が抱えていた重責と孤独

正直な話、生前、親父に教えてもらったことなんて、一つもない。

完全なる反面教師だった。しかし、今、親父が遺してくれたものから教えてもらうことの方が多い。

それが、不器用な親父なりの教育だったのかもしれない。

クソ親父と呼んだときもあったが、死んでしまっては文句の一つも言えない。ずるい親父だ。


僕は、幼少期から、学生、社会人に至っても、何かで大きく一番になったことはなかった。良くて中の上止まり。

社会人になってからも揺るぎない自信を持つことができなかった。そして、心の片隅に置いていた親父との約束をいつも思い出していた。

しかし、家業を継ぎ、全力で臨んだセンベイブラザーズの活動によって、生まれて初めて自信を持つことができた。

煎餅屋の長男としての使命を背負いながら、生まれて早40数年。とても時間がかかってしまったが、何とか親父との約束を果たし、家業の再生にも取り組めた。

家業に入らず、デザイン事務所、ベンチャー企業、人材サービス会社、商社、WEBマーケティング会社。いろんな仕事をしてきたことが、今の仕事にとても活きている。どれ一つ欠けても、今には至らなかっただろう。

自信を持てなくても、やり続けたことが種となり、今ここで花開いている。急がば回れというが、無駄なことは本当に何もないんだなとあらためて思う。

親父と同じ経営者という責任者の立場になり、その重責と孤独を深く感じることも多々ある。

今、僕は親父が「くも膜下出血」で倒れたのと同じ42歳。ここで僕が今、同じように倒れたとしたら、果たして病気と戦えるだろうか？　弱さを酒に逃げることなく心静かにいられるだろうか？

親父の苦しんだ気持ちを想像するだけで、胸が締め付けられる。

親父を責め続けたことも多々あった。しかし、人の気持ちは、同じ立場に立ってみないと、少しもわからないものだ。

今、当時の親父と再会することができたら、酒でも酌み交わしながら、たくさんの弱音や愚痴を聞いてあげたい。

人も会社も、決して強くない。

足りない部分を補ってくれる家族や仲間がいて、人も会社も初めて生きていける。

僕ら兄弟もそうだ。お互いの弱いところは補い、強いところは最大限に後押しする。兄弟の放ち合う最大限のパワーが新しい活路を切り開いていく。

もし、あなたが僕と同じような家族経営企業や家業の継承者で、何かに悩んでいるとしたら、足りない部分よりも伸びる部分を探し、そこに光を当てることを考えてみてはどうだろうか。家族経営もそんなに悪いものではない、と僕は思う。

親父の名言「煎餅は女みたいなもの」

ここからは工場長の弟にバトンタッチ。煎餅職人の弟の話を聞いてほしい――。

＊

では、センベイブラザーズの弟であり、煎餅職人として働く僕の日々の仕事の話をさせてもらいます。僕らの煎餅の成り立ちを想像しながら食べてもらえたらうれしい限り。

◎焼きについて

朝７時、僕の一日は工場の窯に火を入れることから始まる。焼き窯を十分に温めて、前日に仕込んでおいた焙炉《ほいろ》から煎餅の生地を手に取り、乾燥具合を確認してから、焼き上がりの良い適正な火加減に調整し、生地を焼いていく。

生地の水分が多いと餅のようにふくらんでしまい、水分が足りないと割れてしまう。ちょうど食べやすい焼き上がりにするため、あらかじめ焙炉で生地の水分調整をしたり、焼き窯の火加減により調整を行う。

このバランスこそが絶妙で、煎餅職人の腕の見せどころとなる。親父が生前言っていたいい例えがある。

「煎餅は女みたいなもの」

親父の人柄を感じる大好きな名言の一つ。要するに、煎餅は気分屋ということ。毎日うまくご機嫌を取らないと、おいしく焼き上がってくれないのだ。それくらい、温度や湿度、さらに釜の温度、生地の状態によって焼き上がりが変わってくる。

煎餅も、女性と同じくらいデリケート。僕がうまくエスコートしてあげないといけない。

しかしながら、僕もそのエスコート術を身につけるには、長い年月がかかった。湿度計や温度計を駆使してみたが、あまり意味をなさなかった。そりゃ、そうだ。誰でもそれで簡単にできるようでは、職人の仕事もなくなってしまう。

その感覚は、長い年月とたくさんの成功と失敗の経験を積んでいくうちに体が自然と覚えていった。

自分だけが持つそんな感覚の存在に気づかされたことがある。生地屋さんの設備に不具合があって、いつもと違ったコンディションの生地が届いてしまい、いくら調整してもいつもの感じに焼き上がらなかった。

そこで、兄貴に相談して、生地屋さんへ生地の交換を頼んでもらった。今後のために、兄貴が生地屋さんに話してくるということだったので、通常の生地と今回の生地を手にしてもらって僕は説明をしたのだが、見た目が一緒なせいか、兄貴にはその違いがわからない。

僕には、触るとその差がはっきりとわかる。体が覚えるとはこういうこと。自分にとっては当たり前のことが、実は当たり前じゃないとを初めて知る機会となった。

◎味つけについて

午前中は煎餅を焼き、午後は焼いた煎餅の味つけをメインに行う。煎餅には大きく分けて二つの味がある。

・しょうゆもの
・サラダもの

しょうゆものは、言葉の通り、しょうゆがついた煎餅。サラダものというのは、煎餅に、粘着剤としてサラダ油をかけ、そこに、さまざまな風味のシーズニングをかけて仕上げる。煎餅の種類によってはオリーブオイルを使うこともある。

この2種類の煎餅をベースに、さまざまな食材や調味料によって、いろんな味の煎餅に仕上げていく、とてもシンプルな流れだ。

◎素材について

煎餅はシンプルだからこそ、一つひとつの材料の味が決め手になってくる。僕らが長年使っている生地は国産米１００％の生地。使うお米も、普段食べるご飯をＡランクとして位置づけると、僕らの生地はＡとＢの間の上級の米を使っている。コストを抑えるために、米のランクを落としたり、でんぷんを混ぜてかさ増しする生地もあったりするけれど、僕らは長年この生地でやり続けている。

次に、長年使い続けているしょうゆ。僕らのしょうゆは、２００年を超える老舗のしょうゆ屋さんから、うちの工場専用にブレンドした濃口しょうゆを仕入れている。昔ながらの木桶で作った濃口のしょうゆは、蔵の歴史を感じる味わい深いうま味があり、僕らの生地と素晴らしくマッチする。

この煎餅としょうゆをベースに、各地名産の食材を使ったり、香り高いシーズニングを使ったりして、日々、20種を超える味の煎餅を作っている。

まあ、ざっくり話とこんな感じ。親父が煎餅を女性に例えていたが、最近確かにその通りと思えるようになってきた。

僕が、お肌を整えて（焼き）、質の高い化粧品（素材）でお化粧（味つけ）をする。そして、兄貴が素敵なドレス（パッケージ）を着せて、表舞台に送り出す。そんなエスコートを僕らは日々行っているような気がしている。素敵な女性は、街で出会う人たちみんなを笑顔にしてくれる。

これは余談だが、この種類と製造量を同業者さんに話すと、製造を僕一人で担っていることによく驚かれる。しかしそれも、長年の経験から身についたノウハウの一つだ。

そんな僕が作っている煎餅。機会があればぜひとも食べてみてほしい。

煎餅の生地の並べ作業

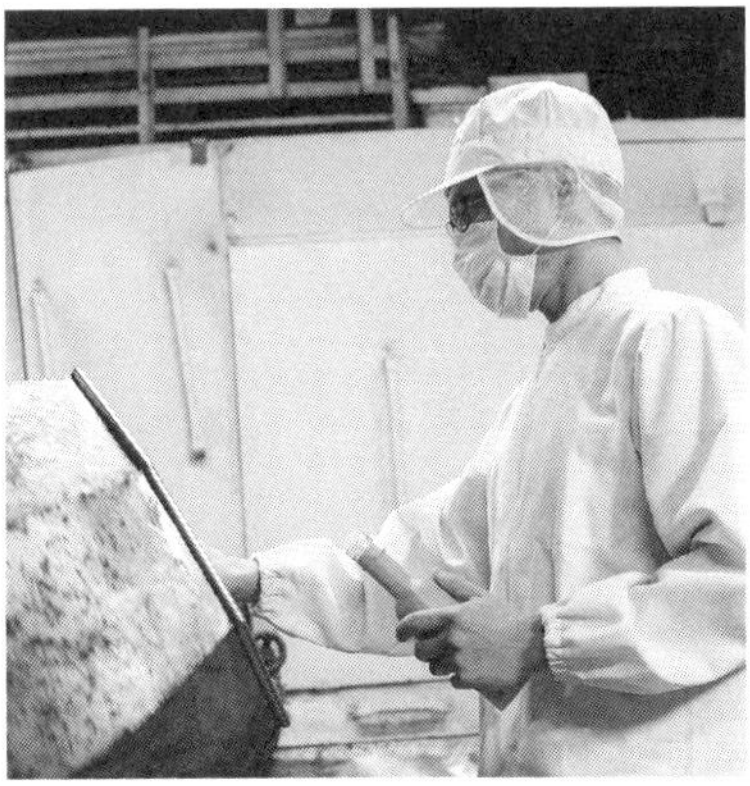

ドラ掛け機での味つけ

手間暇が生み出すマジック

ここで、僕らの煎餅のこだわりでもある「手間暇」の話もさせてもらいたい。

僕らの煎餅は、多くの手間暇をかけて作っている。

何でもコピペできる便利な時代だ。しかし、コピペできないものもまだまだたくさんあって、オンリーワンの魅力を放つときもある。僕ら町工場にとっては、そんな煎餅を作り続けることが存在意義だと思う。

全て機械で作られた完璧な煎餅もおいしいけれど、人の手間暇がのった人間味のある煎餅も味わい深くて、ぜひ食べてみてほしい。

愛情を持って子どもと接すると愛情が跳ね返ってくるように、煎餅も手間暇かけて作っていると、おいしさというご褒美を返してくれる。そんな手間暇が生むマジックをいくつか紹介しよう。

◎ザラメ煎餅

僕らの「ザラメ煎餅」はザラメが苦手な方からも評判の良い人気の煎餅。しょうゆ煎餅のしょっぱさと、ザラメの程よい甘さが人気の秘密。そのバランスに僕らは、手間暇をかけている。

ザラメ煎餅が苦手な人は、甘すぎからという人が多い。それもそのはず、多くのザラメ煎餅は、しょうゆ煎餅の上に、ザラメをつけるための粘着剤として、水飴をかけている。甘いものに甘いものを重ねるわけで、甘すぎて苦手というご意見はごもっとも。

僕らは、水飴は使わない。しょうゆ煎餅とザラメのみ。水飴をかけない代わりに、手間暇をかける。

やり方はシンプル。煎餅につけるしょうゆにザラメを少し入れ、トロミを持たせる。そして、すぐに乾燥させず、半乾きの状態にする。すると、半乾きの煎餅の表面がべタベタとしてくるから、そこにザラメをかけてやる。最後に乾燥させて出来上がり。

そんな手間暇をかけることによって、必要な素材だけが持つ味の結びつきが楽しめるというわけ。機会があれば、僕らのザラメ煎餅と他のザラメ煎餅を食べ比べてみてほしい。

◎にんにく煎餅

僕らの煎餅を語る上で欠かせないのが「にんにく煎餅」。青森産のすり下ろしにんにくをしょうゆに混ぜ、ダイレクトにぶっかけた、骨太の味わい。食べた瞬間ににんにくの香りが口の中にほとばしる、にんにく好きにはまらない煎餅。通販サイトでも即完売の不動の人気を誇っている。

にんにく煎餅は、にんにくしょうゆのつけ方に手間暇をかけている。通常僕らの煎餅の味つけは、自動の味付機を使うのだが、機械だと振り切りの遠心力が強すぎて、にんにくしょうゆが飛びすぎてしまう。

そこで、専用の手がけ網を作り、数十枚を束に、バシャバシャとかけていくのだ。すると、にんにくしょうゆのたまりがいい感じにできて、食べたときの濃厚な味わいにつながる。

にんにくも産地をいろいろと試したが、一番パンチの効いた青森産のにんにくを使うことによって、僕らの不動のレシピが仕上がった。

にんにくの香りだけを使ったにんにく風のお菓子はよくあるが、僕らのにんにく煎餅は、にんにく風でなく、まさににんにくそのもの。その手間暇の一品をぜひとも食べてみてほしい。

しかし、香りも強めなので、どこで食べるかはあくまで自己責任で。

ざっと、僕らの手間暇の一例を紹介してみた。

かつては「情熱のサルサ」という煎餅もあった。情熱を煎餅で表現したくて、とても手間暇をかけたのだが、少数の人にしか刺さらなかったため、あえなくお蔵入りとなった。

手間暇が生むマジックの成功率は高くはないが、当たったときの収穫はとても大きい。

素人×職人のケミストリーと手間暇のマジック、それに先代の礎をかけ合わせたもの、それこそがセンベイブラザーズの煎餅だと、今あらためて思う。

胸を張れるまで10年の煎餅職人

昔は正直、自分のことを「職人」とは言いたくはなかった。まだ兄貴が社長として工場を継ぐ前は、毎日、受注生産の煎餅の生産に明け暮れていた。

煎餅を作るといっても、機械で流し、レシピもクライアントが最終決定した味を、システマチックに、コピペするように作っていく。

毎日同じことの繰り返し。そこに、思いや意思なんていうものはなかった。下手に持ったりしたら、余計なことをするなと怒られるだけだ。

そんな状況だったから、言われたことだけをしっかりやるようにした。モチベーションも「いい仕事しよう」というより、「怒られない仕事をやろう」という心持ち。そこには作り手としての工夫も何もない。自分を表現してはいけない。職人とは言えない。ただのオペレーターのように感じていた。

だから、自分のことを「煎餅職人」とは胸を張って言えなかった。

当初、工場でサポートに入ってくれたパートさんも人件費削減で減らされて、結果、工場に残ったのは僕一人。より孤独なスタンドプレーが加速した。売れようが売れまいが、それは僕の責任じゃない。売るのは発注側の仕事。僕は自分の仕事だけを全うすることに専念していた。

工場に届く声はクレームだけ。

作り手として、エンドのお客さんたちの感想が気にならないわけではなかったが、たまに届く声は発注者からのクレームだけだった。ひたすら歯を食いしばることが多かったような気がする。工場で笑ったことなんて、一度もなかったかもしれない。

しかし、そんなこんなで苦節10数年、センベイブラザーズを始めてからは、工場で笑うことばかりが増えた。喜びのモチベーションは素晴らしい。このおかげで、職人としてこれまでになかった新たな自覚さえ芽生えてきた。

催事での販売を始めた頃、正直、売り場に立つことに抵抗はあった。兄貴には「ただ立っていればいい」って言われたけど、このときはものの見事にだまされた。

しかし、口下手な僕にはそれくらいの強引さがない限り売り場に立つことは一生なかっただろうし、自分を変えることもできなかっただろうと思う。その点だけは、兄貴に感謝している。毎回無茶振りが多すぎるけどね（笑）。

自分が作った煎餅を、目の前で食べてもらうのは、毎回緊張の連続。しかし目の前で「おいしい！」って喜んでもらえるのは、本当にうれしかった。

週末は、売り場で接客をして、平日は工場で毎日煎餅を焼く。前と違うのは、その先のお客さんの笑顔が想像できること。工場から外に出てみると、気づかされることが多い。

「当たり前にやっていたことが、僕にしかできないことなんだ」と。

この気づきは大きかった。自分の存在意義に気づいた。僕にしかできないことで、お客さんをもっと喜ばせたい、驚かせたいという、いい意味での欲がどんどん出てきた。

受注生産の煎餅しか焼いていなかった頃とは、そこが根本的に大きく違う。

正直、真夏の50℃近い工場の中で大量の煎餅を焼く作業は、人知れずめいるときもある。でも、そんな苦労もお客さんの「おいしい！」の一言でまた頑張れる。前向きなモチベーションこそ、職人には欠かせないものだと思う。

世の中にはいろんな職人さんがいると思うが、機会があればぜひ、現場にこもりっきりでなく、外に出てほしいと思う。現場も大事だけど、外に出ることで、いろんなきっかけをもらえるし、あなたにしかできない技術力を発信できるかもしれないから。

ものを作れるって素晴らしいことだし、誇りに思う。10年前だったら決してこんな気持ちにはなれなかったけれど、本当に続けてきてよかったと思う。

今、「あなたの仕事は何ですか？」と聞かれたら、胸を張って「煎餅職人です！」と答えるよ。

おわりに

しょうゆの香ばしさが香り、ギーギーと動く機械、ガラガラと鳴る煎餅の音。パートのお姉さんたちに遊んでもらって、煎餅をつまみ食い。そんな幼少期を送ってきた、煎餅育ちの僕。

そんな育ちが珍しいのか、取材でよく聞かれる質問がある。

「どれくらい、煎餅が好きですか？」

僕にとっては、わが子みたいなものだから、好きというか、愛し続ける存在と言ったほうが質問の答えに近いかな（照れくさい表現だけどね）。

仕事としてやっている以上、つらいこともたくさんあるし、逃げたくなることもたくさんあるよ。でも、しっかり向き合い愛情をもって接すると、煎餅も応えてくれる。

やんちゃで憎たらしいときもあるし、メチャクチャかわいいときもある。そう、まさにわが子。

そんな、手塩にかけたやんちゃなわが子が、人様を笑顔にするなんて最高だよね。日々の苦労が報われるし、職人冥利に尽きる。

受注生産しかしていなかったときと大きく違うのは、その育てる行為を自分でもできるようになったことだ。子育てでもそうだけど、育てることによって、自分も成長できて、共に向上していく。

この気づきはとっても大きかった。煎餅とともに育ち、煎餅を作ることを生業として、これからも煎餅を作り続ける。まさに僕の人生そのものだ。

振り返れば、過去にいろんな紆余曲折があったけど、すべてが今につながっていたんだなって思う。諦めず、続けることは大事。

よく、今後の目標や夢を聞かれるが、僕はこれからも煎餅を作り続けるのが目標だ。一人でも多くの人を煎餅で笑顔にしたい。それが、煎餅育ち煎餅職人のミッション。

こんな思いを数年前には持てなかった。今持てることに本当にたくさんの人に感謝している。

僕らの煎餅を買ってくれたお客さん、たくさん応援してくれた地元のみなさん、いろいろ教えてくれた同業の先輩たち、僕らをたくさんの人に紹介してくれたメディアさん、無理をたくさん聞いてくれた業者さん、毎日頑張ってくれている従業員さん、こんな僕を日々支え続けてくれる家族に、最大限の感謝の言葉を贈りたい。

そして、僕らの礎を築いてくれた、じいちゃん、親父、叔父さん。さまざまな試練を乗り越え、工場を守り続けながら、僕らをここまで育ててくれた母ちゃん、それと困ったときには必ず助けてくれた姉ちゃんには本当に感謝。

ありがとうございます！

これからも、感謝の気持ちを〝おいしいせんべい〟で、恩返ししていきます。

この言葉を胸に、

〝せんべいを、おいしく、かっこよく。〟

２０１８年5月吉日
焼き釜に火を入れる、早朝の船堀の工場にて

センベイブラザーズ　笠原忠清（弟）

注

＊1　シーズニング

塩やバジルパウダーなどの粉末調味料のこと。「サラダもの」とは素焼きしたせんべい生地をサラダ油でコーティングし、その上に各種シーズニングをふりかけたものを指す。サラダ油は粘着剤の代わりとなる。

＊2　ものづくり補助金

中小企業庁が実施する補助金制度。正確には「ものづくり・商業・サービス新展開支援補助金」。平成27年度に採択された際のセンベイブラザーズの事業計画名は「せんべいのあり方を変える『Senbei Brothers』の展開」だった。

センベイブラザーズ
東京都江戸川区にある煎餅工場、笠原製菓の４代目兄弟が展開する小売りブランド。煎餅職人の弟が焼いた煎餅を、元デザイナーの兄が売るスタイルで、「せんべいを、おいしく、かっこよく。」をコンセプトに煎餅の新たな価値を提案。20種を超えるバラエティ溢れる煎餅を、独自のパッケージやプロモーションにより自ら販売し、SNSやメディアにて大きな反響を呼ぶ。小売りの他、星のや東京、六本木ヒルズ、JUNRedなど、ホテルやファッションブランドとのコラボレーションも行い、煎餅の新たなスタイルを積極的に展開中。

笠原健徳（兄）
1975年東京生まれ。約20年デザイナーとして企業に勤務したのち、2014年に家業を継ぐ。センベイブラザーズの販売から、パッケージデザイン、プロモーションに至るまで、全てを自ら行う。

笠原忠清（弟）
1978年東京生まれ。兄より一足はやく家業を継ぎ、煎餅職人として働き始める。センベイブラザーズの商品を全て製造するかたわら、受注生産の業務も担い、日々、多くの煎餅を製造している。

センベイブラザーズのキセキ

2018年６月1日　第１刷発行

著　者　　センベイブラザーズ
発行者　　佐藤　靖
発行所　　大和《だいわ》書房
東京都文京区関口 1-33-4
電話　03-3203-4511

編集協力　　柴山幸夫（クロロス、dext inc）
本文デザイン　　センベイブラザーズ
本文印刷　　信毎書籍印刷
カバー印刷　　歩プロセス
製本所　　小泉製本

ISBN 978-4-479-79652-7
乱丁・落丁本はお取り替えいたします。
http://www.daiwashobo.co.jp